高等院校精品课程系列教材

华东师范大学精品教材建设专项基金资助项目

智能数字图像处理实践

全红艳 编著

机械工业出版社
CHINA MACHINE PRESS

图书在版编目（CIP）数据

智能数字图像处理实践 / 全红艳编著 . —北京：机械工业出版社，2022.10
高等院校精品课程系列教材
ISBN 978-7-111-71917-5

I. ① 智… II. ① 全… III. ① 数字图像处理 - 高等学校 - 教材 IV. ① TN911.73

中国版本图书馆 CIP 数据核字（2022）第 201060 号

本书通过大量的实例介绍如何进行数字图像处理，既包括传统数字图像处理技术，也包括智能数字图像处理技术。传统数字图像处理实践包括图像的基本操作、图像的基本运算、图像增强处理、图像复原处理、彩色图像处理、数学形态学图像处理、图像压缩与编码技术、图像分割；智能数字图像处理实践包括智能图像增强处理、智能图像语义分割、智能图像彩色化、智能图像风格化、智能图像修复处理等内容。

本书案例典型，可操作性强，对于每类图像处理问题都给出了多种实现方法，既适合作为高校数字图像处理、智能数字图像处理及相关课程的教材，也适合作为从事相关工作的技术人员的参考书。

出版发行：机械工业出版社（北京市西城区百万庄大街 22 号 邮政编码：100037）

策划编辑：曲 熠	责任编辑：曲 熠
责任校对：丁梦卓 张 薇	责任印制：李 昂
印 刷：河北鹏盛贤印刷有限公司	版 次：2023 年 3 月第 1 版第 1 次印刷
开 本：185mm×260mm 1/16	印 张：14.25
书 号：ISBN 978-7-111-71917-5	定 价：49.00 元

客服电话：(010) 88361066 68326294

前　言

本书是根据人工智能技术的发展，兼顾传统数字图像处理技术的实践，同时结合数字图像处理理论教学的内容而编写的。本书与传统实践教材的区别在于，它结合了新的数字图像处理技术，并将基于深度学习的数字图像处理实践内容组织到实践环节之中。本书既可以结合理论课程的教学内容使用，也可以在实践教学环节中独立使用。

本书内容分为两部分：传统数字图像处理实践和智能数字图像处理实践。传统数字图像处理的实践部分涵盖数字图像处理实践基础、图像的基本运算实践及图像增强处理实践等内容；智能数字图像处理的实践部分涵盖智能图像增强处理实践、智能图像语义分割实践、智能图像彩色化实践、智能图像风格化实践及智能图像修复处理实践等内容。

本书的特点是由浅入深、循序渐进地安排实践内容，并且在每个实践单元中涵盖相关概念与知识、实践内容、实践过程的引导与讨论，以及实践问题思考等环节。与现有的实践教材相比，本书不仅在实践教学内容设置方面包含新的智能图像处理技术，而且以阶梯式的结构组织教材内容。更重要的是，本书在内容编排上采用思维引导式的逻辑和方法，将思维能力的培养融入实践教学中，从而满足创新型人才培养的需要。

限于编写时间和水平，书中不足之处在所难免，恳请各位读者批评指正。

作　者

目 录

第 1 章　数字图像处理实践基础

1.1　软件安装与环境设置

下面我们以 Windows 10 为例，说明怎样安装相关软件，构建实践平台，以便开展实践工作。我们需要的软件包括以下几类：

- 编程语言及环境类软件：Python、PyCharm、Anaconda。
- 第三方库软件包：scikit-learn (sklearn)、scikit-image (skimage)、Matplotlib、SciPy、NumPy、OpenCV、Pillow 和 PIL。
- 深度学习框架软件包：TensorFlow。
- 深度学习框架软件包：PyTorch。

应该说明的是，编程语言、环境类软件，以及第三方库软件包会在整个实践环节中使用，图像处理的编程语言基于 Python，图像处理的第三方库软件包使用 OpenCV、scikit-image 和 PIL。

同时，在涉及深度学习的实践环节，读者可以根据需要采用深度学习框架软件包 TensorFlow，或采用深度学习框架软件包 PyTorch。

本书采用的编程环境类软件是 PyCharm，环境设置软件是 Anaconda，也可以选择 Xcode 等类似的编程软件。

下面我们以 Windows 10 操作系统为例，阐述实践环境的搭建与环境测试的过程。

1. 安装 Anaconda

首先从官方网站下载 Anaconda 的软件包。可以从下面的网址找到要安装的软件：https://www.anaconda.com/products/individual。然后下载软件，界面如图 1-1 所示。

图 1-1　Anaconda 软件的下载网站

接下来，按照向导的指示逐步安装，如图 1-2 所示。

应该注意的是，安装过程中需要勾选相关选项，建立环境变量，如图 1-3 所示。

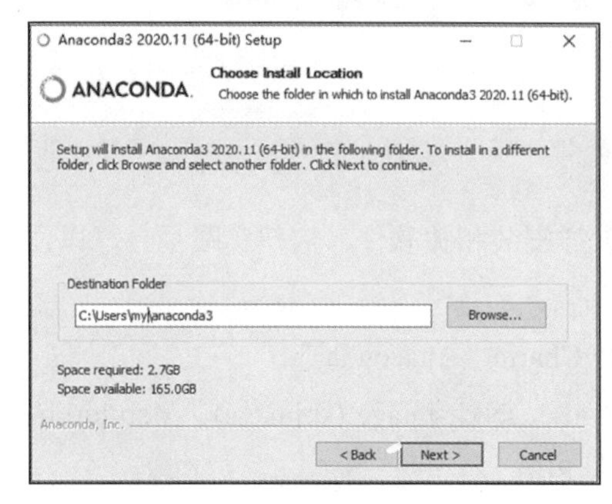

图 1-2 Anaconda 的安装过程

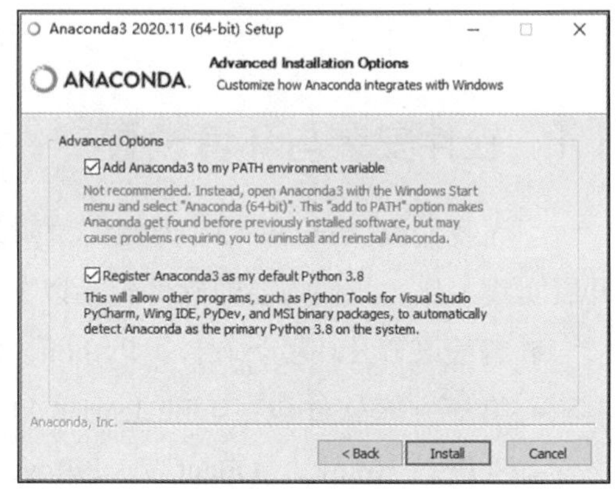

图 1-3 安装时勾选建立环境变量的选项

按照界面的指示逐步进行，直到安装完毕。

安装完成之后，按照如下方法测试一下安装是否成功：打开命令行终端，并输入命令 conda –version，如果显示 conda 的版本号，说明安装成功。

2. 安装 PyCharm

登录官方网站 http://www.jetbrains.com/pycharm/download/#section=windows，根据自己电脑的操作系统选择对应的安装包。这里我们选择 Windows 10.0 系统对应的安装包。要注意的是，需要选择 Community 版安装包。

下载软件后，启动安装，进入安装向导，如图 1-4 所示。

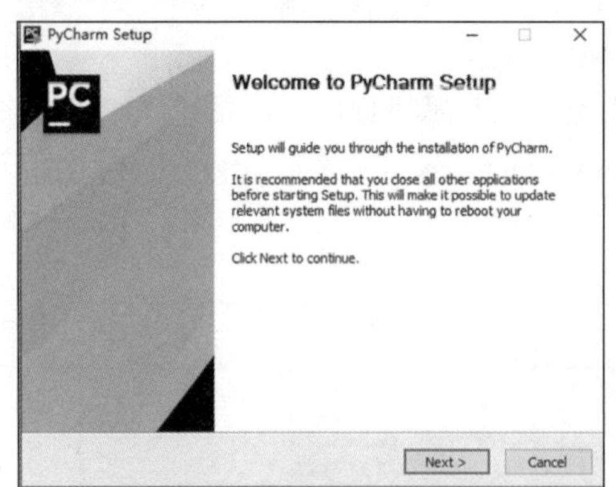

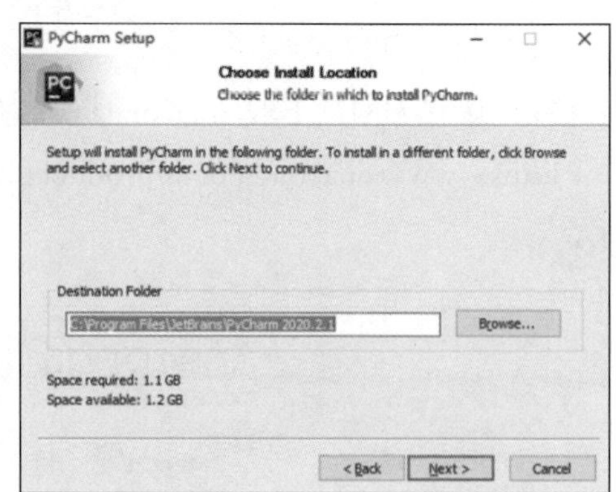

图 1-4 PyCharm 安装向导的界面

在安装过程中，按照步骤指定安装路径及安装选项，其中，勾选“Create Associations”，关联的文件类型选择 .py 文件，安装的版本类型选择 64 位，如图 1-5

所示。之后再按照向导逐步进行，直到安装结束。

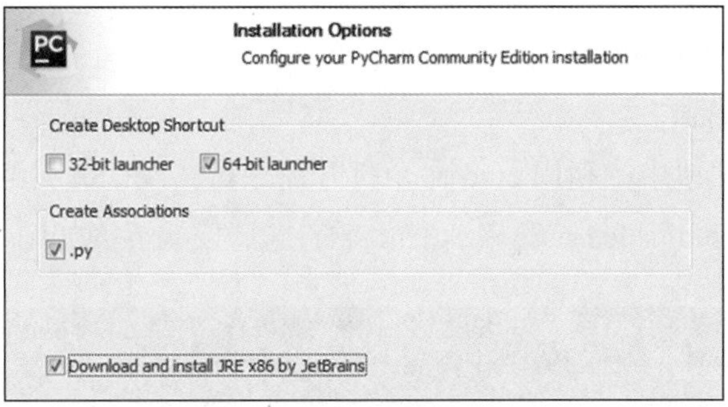
PC
Installation Options
Configure your PyCharm Community Edition installation
Create Desktop Shortcut
32-bit launcher
64-bit launcher
Create Associations
.py
Download and install JRE x86 by JetBrains

图 1-5 选择关联文件类型

3. 安装第三方库

（1）NumPy 的安装

在“开始”菜单中，利用 cmd 命令打开命令行终端，并且激活虚拟环境，即可安装 NumPy，安装命令为 conda install numpy=1.18.1。

（2）scikit-learn 0.22.1 的安装

在“开始”菜单中，利用 cmd 命令打开命令行终端，并且激活虚拟环境，即可安装 scikit-learn 0.22.1，安装命令为 conda install scikit-learn=0.22.1。

（3）SciPy 的安装

在“开始”菜单中，利用 cmd 命令打开命令行终端，并且激活虚拟环境，即可安装 SciPy，安装命令为 conda install scipy=1.2.0。

（4）安装 Matplotlib

在“开始”菜单中，利用 cmd 命令打开命令行终端，并且激活虚拟环境，即可安装 Matplotlib，安装命令为 pip install matplotlib，如图 1-6 所示。

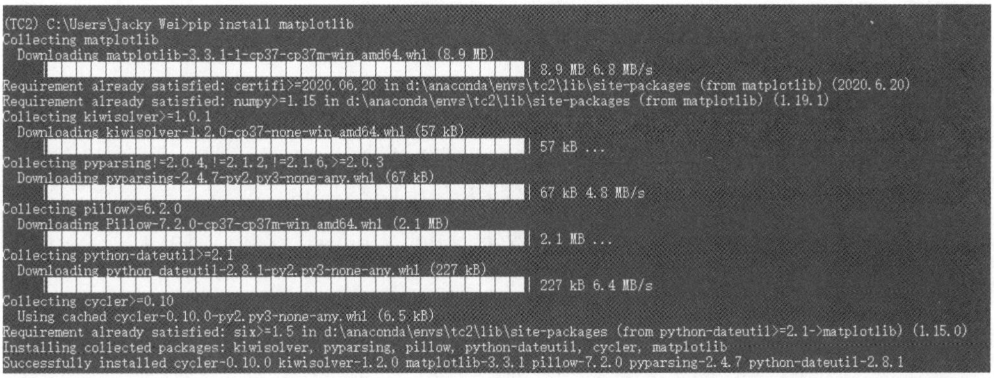
(TC2) C:\Users\Jacky Wei>pip install matplotlib
Collecting matplotlib
Downloading matplotlib-3.3.1-1-cp37-cp37m-win_amd64.whl (8.9 MB)
8.9 MB 6.8 MB/s
Requirement already satisfied: certifi>=2020.06.20 in d:\anaconda\envs\tc2\lib\site-packages (from matplotlib) (2020.6.20)
Requirement already satisfied: numpy>=1.15 in d:\anaconda\envs\tc2\lib\site-packages (from matplotlib) (1.19.1)
Collecting kiwisolver>=1.0.1
Downloading kiwisolver-1.2.0-cp37-none-win_amd64.whl (57 kB)
57 kB ...
Collecting pyparsing!=2.0.4,!=2.1.2,!=2.1.6,>=2.0.3
Downloading pyparsing-2.4.7-py2.py3-none-any.whl (67 kB)
67 kB 4.8 MB/s
Collecting pillow>=6.2.0
Downloading Pillow-7.2.0-cp37-cp37m-win_amd64.whl (2.1 MB)
2.1 MB ...
Collecting python-dateutil>=2.1
Downloading python_dateutil-2.8.1-py2.py3-none-any.whl (227 kB)
227 kB 6.4 MB/s
Collecting cycler>=0.10
Using cached cycler-0.10.0-py2.py3-none-any.whl (6.5 kB)
Requirement already satisfied: six>=1.5 in d:\anaconda\envs\tc2\lib\site-packages (from python-dateutil>=2.1->matplotlib) (1.15.0)
Installing collected packages: kiwisolver, pyparsing, pillow, python-dateutil, cycler, matplotlib
Successfully installed cycler-0.10.0 kiwisolver-1.2.0 matplotlib-3.3.1 pillow-7.2.0 pyparsing-2.4.7 python-dateutil-2.8.1

图 1-6 Matplotlib 的安装界面

（5）安装 Pillow

在“开始”菜单中，利用 cmd 命令打开命令行终端，并且激活虚拟环境，即可利用命令 pip install pillow 安装 Pillow 软件包。

（6）安装 sklearn

在“开始”菜单中，利用 cmd 命令打开命令行终端，并且激活虚拟环境，即可利用命令 pip install sklearn 安装 sklearn 软件包，安装界面如图 1-7 所示。

```
(TC2) C:\Users\Jacky Wei> pip install sklearn
Processing c:\users\jacky wei\appdata\local\pip\cache\wheels\76\03\bb\589d421d27431bcd2c6da284d5f2286c8e3b2ea3cf15
074\sklearn-0.0-py2.py3-none-any.whl
Collecting scikit-learn
  Downloading scikit_learn-0.23.2-cp37-cp37m-win_amd64.whl (6.8 MB)
     |████████████████████████████████| 6.8 MB 6.8 MB/s
Collecting joblib>=0.11
  Downloading joblib-0.16.0-py3-none-any.whl (300 kB)
     |████████████████████████████████| 300 kB ...
Requirement already satisfied: numpy>=1.13.3 in d:\anaconda\envs\tc2\lib\site-packages (from scikit-learn->sklearn
1.19.1)
Requirement already satisfied: scipy>=0.19.1 in d:\anaconda\envs\tc2\lib\site-packages (from scikit-learn->sklearn
1.5.2)
Collecting threadpoolctl>=2.0.0
  Downloading threadpoolctl-2.1.0-py3-none-any.whl (12 kB)
Installing collected packages: joblib, threadpoolctl, scikit-learn, sklearn
Successfully installed joblib-0.16.0 scikit-learn-0.23.2 sklearn-0.0 threadpoolctl-2.1.0
```

图 1-7　sklearn 的安装界面

（7）安装 OpenCV

在“开始”菜单中，利用 cmd 命令打开命令行终端，并且激活虚拟环境，即可利用命令 pip install opencv-python 安装 OpenCV 软件包，安装界面如图 1-8 所示。

```
(TC2) C:\Users\Jack>pip install opencv-python
Collecting opencv-python
  Downloading opencv_python-4.4.0.42-cp37-cp37m-win_amd64.whl (33.5 MB)
     |████████████████████████████████| 33.5 MB 6.4 MB/s
Requirement already satisfied: numpy>=1.14.5 in d:\anaconda\envs\tc2\lib\site-packages (from opencv-python) (1.19.1)
Installing collected packages: opencv-python
Successfully installed opencv-python-4.4.0.42

(TC2) C:\Users\Jacky>
```

图 1-8　OpenCV 的安装界面

（8）安装 scikit-image

在“开始”菜单中，利用 cmd 命令打开命令行终端，并且激活虚拟环境，即可利用命令 pip install scikit-image 安装 scikit-image 软件包，安装界面如图 1-9 所示。

应该说明的是，如果在安装包时遇到下载失败的情形，那么应该考虑通过镜像获取软件源的方法。例如，对于清华源镜像和 bioconda，可以采用以下命令加入镜像：

```
conda config --add channels https://mirrors.tuna.tsinghua.edu.cn/Anaconda/
    cloud/msys2/
conda config --add channels https://mirrors.tuna.tsinghua.edu.cn/Anaconda/
```

```
    cloud/conda-forge/
conda config --add channels https://mirrors.tuna.tsinghua.edu.cn/Anaconda/
    pkgs/free/
conda config --set show_channel_urls yes
conda config --add channels bioconda
```

如果有必要，可以使用以下命令取消所增加的镜像源：

```
conda config --remove-key channels
```

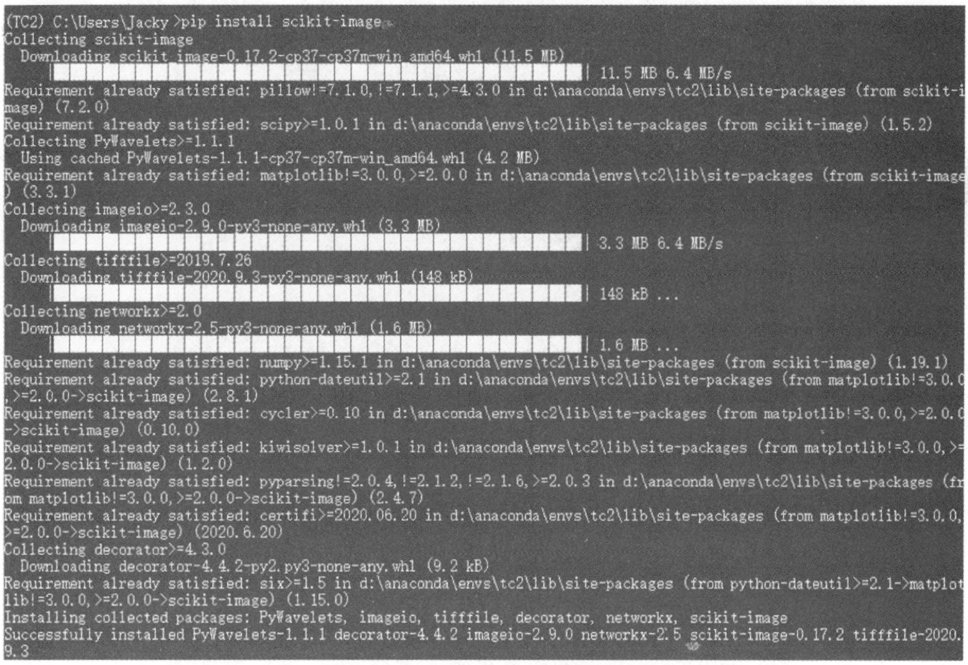

```
(TC2) C:\Users\Jacky >pip install scikit-image
Collecting scikit-image
  Downloading scikit_image-0.17.2-cp37-cp37m-win_amd64.whl (11.5 MB)
     |████████████████████████████████| 11.5 MB 6.4 MB/s
Requirement already satisfied: pillow!=7.1.0,!=7.1.1,>=4.3.0 in d:\anaconda\envs\tc2\lib\site-packages (from scikit-i
mage) (7.2.0)
Requirement already satisfied: scipy>=1.0.1 in d:\anaconda\envs\tc2\lib\site-packages (from scikit-image) (1.5.2)
Collecting PyWavelets>=1.1.1
  Using cached PyWavelets-1.1.1-cp37-cp37m-win_amd64.whl (4.2 MB)
Requirement already satisfied: matplotlib!=3.0.0,>=2.0.0 in d:\anaconda\envs\tc2\lib\site-packages (from scikit-image
) (3.3.1)
Collecting imageio>=2.3.0
  Downloading imageio-2.9.0-py3-none-any.whl (3.3 MB)
     |████████████████████████████████| 3.3 MB 6.4 MB/s
Collecting tifffile>=2019.7.26
  Downloading tifffile-2020.9.3-py3-none-any.whl (148 kB)
     |████████████████████████████████| 148 kB ...
Collecting networkx>=2.0
  Downloading networkx-2.5-py3-none-any.whl (1.6 MB)
     |████████████████████████████████| 1.6 MB ...
Requirement already satisfied: numpy>=1.15.1 in d:\anaconda\envs\tc2\lib\site-packages (from scikit-image) (1.19.1)
Requirement already satisfied: python-dateutil>=2.1 in d:\anaconda\envs\tc2\lib\site-packages (from matplotlib!=3.0.0
,>=2.0.0->scikit-image) (2.8.1)
Requirement already satisfied: cycler>=0.10 in d:\anaconda\envs\tc2\lib\site-packages (from matplotlib!=3.0.0,>=2.0.0
->scikit-image) (0.10.0)
Requirement already satisfied: kiwisolver>=1.0.1 in d:\anaconda\envs\tc2\lib\site-packages (from matplotlib!=3.0.0,>=
2.0.0->scikit-image) (1.2.0)
Requirement already satisfied: pyparsing!=2.0.4,!=2.1.2,!=2.1.6,>=2.0.3 in d:\anaconda\envs\tc2\lib\site-packages (fr
om matplotlib!=3.0.0,>=2.0.0->scikit-image) (2.4.7)
Requirement already satisfied: certifi>=2020.06.20 in d:\anaconda\envs\tc2\lib\site-packages (from matplotlib!=3.0.0,
>=2.0.0->scikit-image) (2020.6.20)
Collecting decorator>=4.3.0
  Downloading decorator-4.4.2-py2.py3-none-any.whl (9.2 kB)
Requirement already satisfied: six>=1.5 in d:\anaconda\envs\tc2\lib\site-packages (from python-dateutil>=2.1->matplot
lib!=3.0.0,>=2.0.0->scikit-image) (1.15.0)
Installing collected packages: PyWavelets, imageio, tifffile, decorator, networkx, scikit-image
Successfully installed PyWavelets-1.1.1 decorator-4.4.2 imageio-2.9.0 networkx-2.5 scikit-image-0.17.2 tifffile-2020.
9.3
```

图 1-9　scikit-image 的安装界面

4. TensorFlow 的安装与环境设置

（1）安装 TensorFlow

在“开始”菜单中，利用 cmd 命令打开命令行终端，如果虚拟环境已经安装好，则先激活虚拟环境，然后安装 TensorFlow。

如果还没有安装虚拟环境，则创建虚拟环境 envname（自己命名，标识符即可），并且指定安装环境为 Python 3.7。采用以下命令进行创建：

```
conda create —n envname Python=3.7
```

然后，在激活虚拟环境的情况下，安装 TensorFlow 1.14，步骤如下：①激活虚拟环境。利用 cmd 命令打开命令行终端，利用以下命令激活环境：activate envname。②安装 TensorFlow。如果安装 GPU 版本的 TensorFlow，采用以下命令：

```
conda install tensorflow-gpu=1.14.0
```

如果安装 CPU 版本的 TensorFlow，那么命令如下：

```
conda install tensorflow=1.14.0
```

如图 1-10 所示，在命令行输入以下命令查看软件包的安装情况：

```
conda list
```

```
(TC2) C:\Users\Jac>conda list
# packages in environment at D:\anaconda\envs\TC2:
#
# Name                    Version                   Build  Cha
_tflow_select             2.2.0                     eigen
absl-py                   0.9.0                    py37_0
astor                     0.8.1                    py37_0
blas                      1.0                         mkl
ca-certificates           2020.7.22                     0
certifi                   2020.6.20                py37_0
gast                      0.4.0                      py_0
grpcio                    1.31.0           py37he7da953_0
h5py                      2.10.0           py37h5e291fa_0
hdf5                      1.10.4               h7ebc959_0
icc_rt                    2019.0.0             h0cc432a_1
importlib-metadata        1.7.0                    py37_0
intel-openmp              2020.2                      254
keras-applications        1.0.8                      py_1
keras-preprocessing       1.1.0                      py_1
libprotobuf               3.13.0               h200bbdf_0
markdown                  3.2.2                    py37_0
mkl                       2020.2                      256
mkl-service               2.3.0            py37hb782905_0
mkl_fft                   1.1.0            py37h45dec08_0
mkl_random                1.1.1            py37h47e9c7a_0
numpy                     1.19.1           py37h5510c5b_0
numpy-base                1.19.1           py37ha3acd2a_0
openssl                   1.1.1g               he774522_1
pip                       20.2.2                   py37_0
protobuf                  3.13.0           py37h6538335_0
pyreadline                2.1                      py37_1
python                    3.7.9                h60c2a47_0
scipy                     1.5.2            py37h9439919_0
setuptools                49.6.0                   py37_0
six                       1.15.0                     py_0
sqlite                    3.33.0               h2a8f88b_0
tensorboard               1.14.0           py37he3c9ec2_0
tensorflow                1.14.0       eigen_py37hcf3f253_0
tensorflow-base           1.14.0       eigen_py37hdbc3f0e_0
tensorflow-estimator      1.14.0                     py_0
termcolor                 1.1.0                    py37_1
vc                        14.1                 h0510ff6_4
vs2015_runtime            14.16.27012          hf0eaf9b_3
werkzeug                  1.0.1                      py_0
wheel                     0.35.1                     py_0
wincertstore              0.2                      py37_0
wrapt                     1.12.1           py37he774522_1
zipp                      3.1.0                      py_0
zlib                      1.2.11               h62dcd97_4
```

图 1-10　安装的软件包列表

（2）TensorFlow 的环境设置

先启动 PyCharm，创建一个项目。然后，在 File 菜单中（如图 1-11a 所示），利用 Settings 菜单选项找到项目中的设置对话框，依次单击 File → Setting → Project → Project-Interpreter，并进行设置，如图 1-11b 所示。

然后，选择“Show All”，如图 1-12 所示。

进一步选择已经存在的虚拟环境（如图 1-13 所示），通过路径查找方式，将当前虚拟环境的路径设置好，如图 1-14 所示。

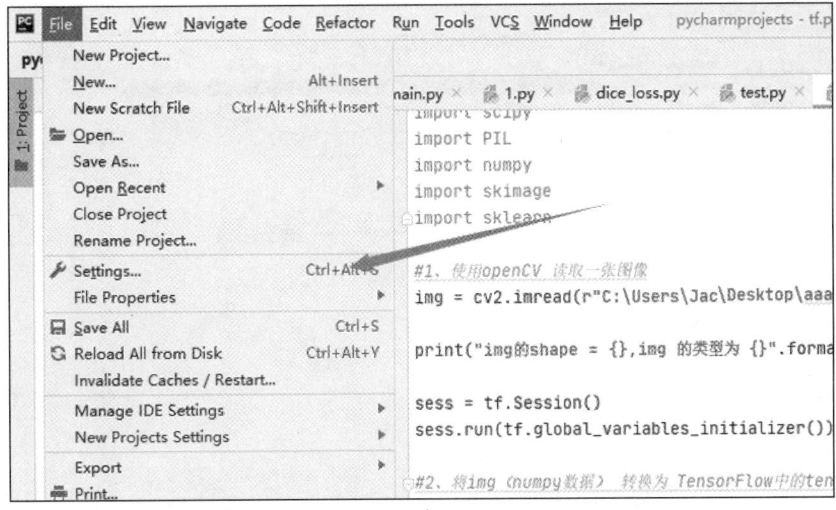

a）

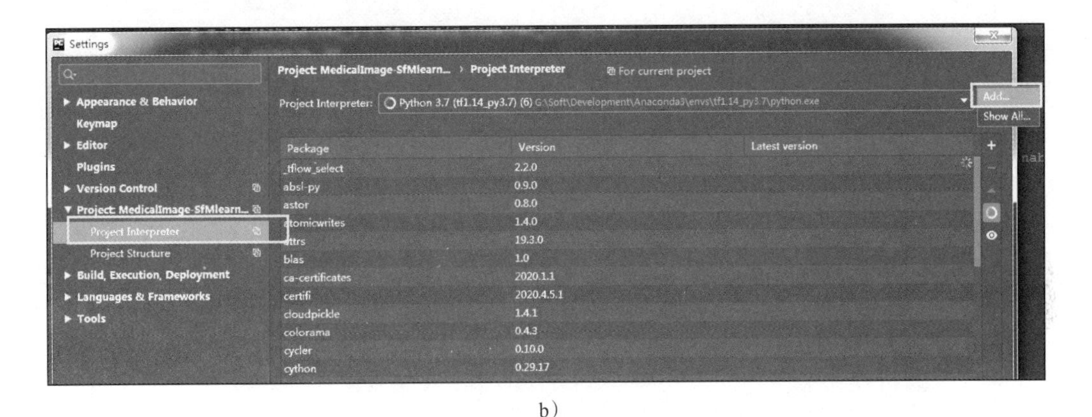

b）

图 1-11　TensorFlow 的环境设置

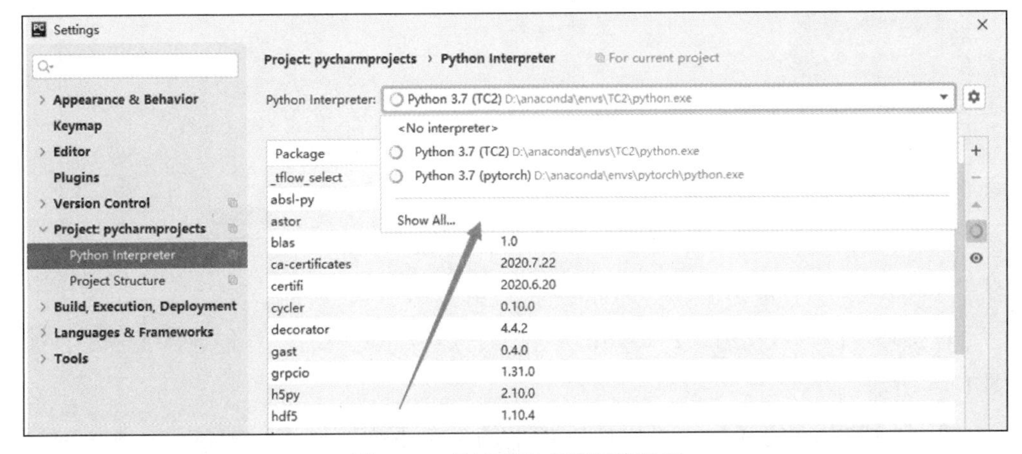

图 1-12　显示现有虚拟环境选项

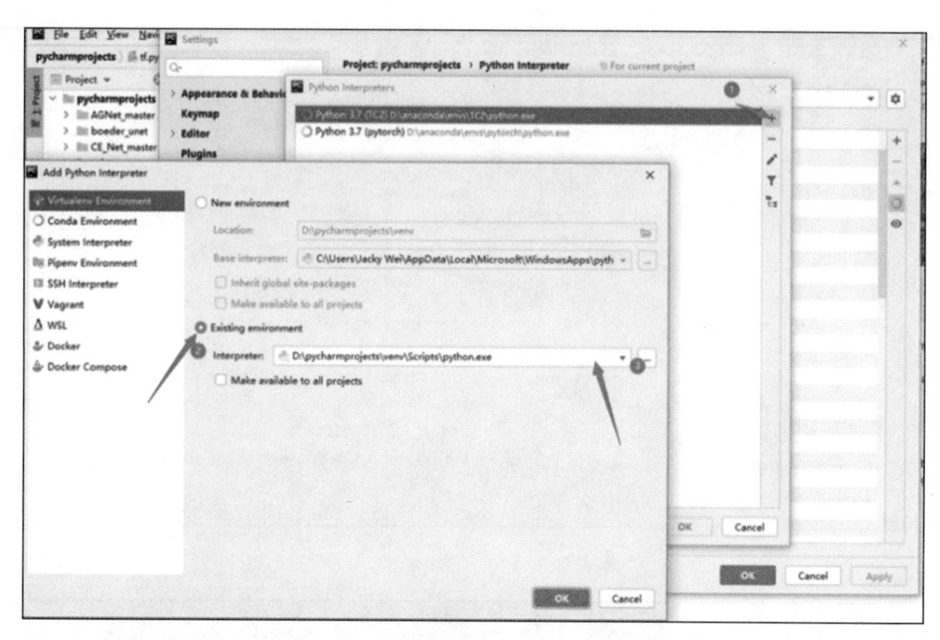

图 1-13　选择已经存在的虚拟环境

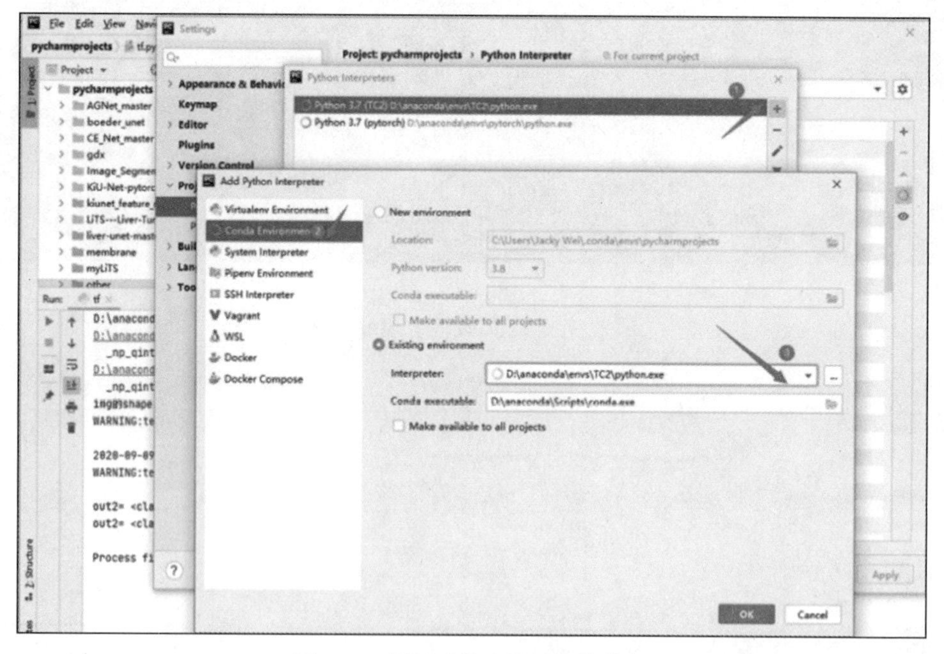

图 1-14　设置当前虚拟环境的路径

虚拟环境设置成功后，PyCharm 会自动将虚拟环境中的软件包导入工程中，如图 1-15 所示。

在环境的设置完成后，可以建立如下的简单工程实例进行测试。在 PyCharm 环境中，通过 File 菜单的新建工程（New）菜单创建一个项目，再将代码编辑好

（如图 1-16 所示），利用上述步骤进行虚拟环境的设置，之后运行并观察运行结果。

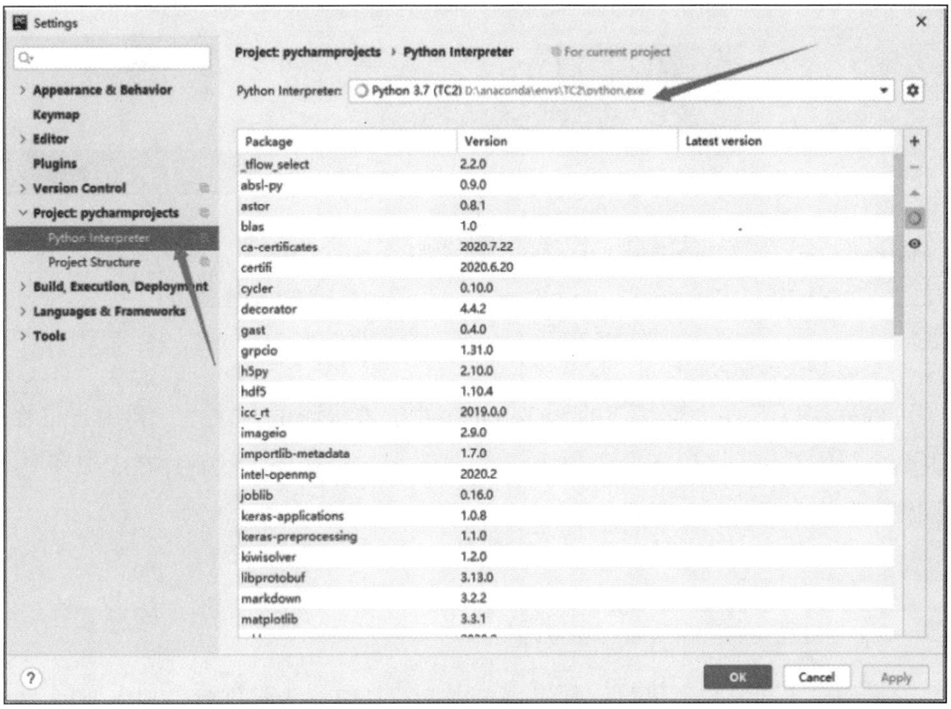

图 1-15　虚拟环境设置成功

```
import tensorflow as tf
greeting = tf.constant('Hello Tensorflow!')
sess = tf.Session()
result = sess.run(greeting)
print(result)
sess.close()
```

图 1-16　在 PyCharm 环境中对 TensorFlow 工程进行测试的代码

5. PyTorch 的安装与环境设置

（1）安装 PyTorch

如果你的计算机还没有安装 CUDA，应首先安装适当版本的 CUDA，然后根据自己的设备情况在官网（https://pytorch.org/get-started/locally/）找到相应的 PyTorch软件包，如图1-17所示。

利用 cmd 命令打开命令行终端，输入以下命令激活环境:activate envname。如果安装的 PyTorch 对应的 CUDA 版本为 10.2，那么安装 PyTorch 软件的命令为：

```
conda install pytorch torchvision cudatoolkit=10.2
```

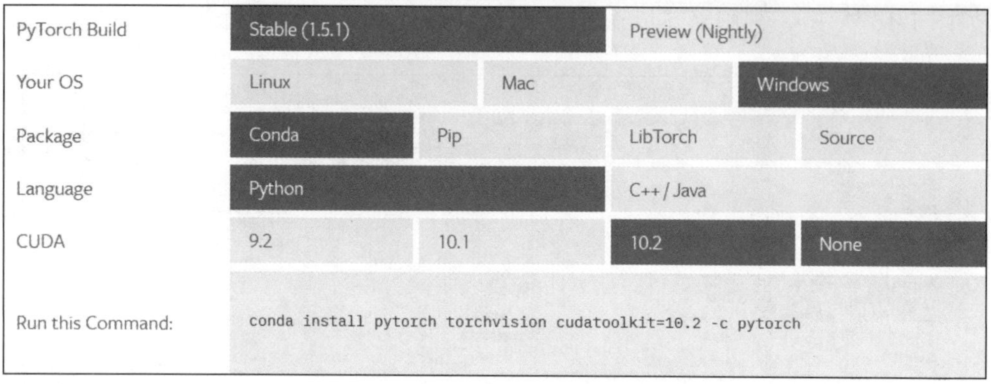

PyTorch Build	Stable (1.5.1)		Preview (Nightly)	
Your OS	Linux	Mac		Windows
Package	Conda	Pip	LibTorch	Source
Language	Python		C++ / Java	
CUDA	9.2	10.1	10.2	None
Run this Command:	conda install pytorch torchvision cudatoolkit=10.2 -c pytorch			

图 1-17　PyTorch 选择版本的菜单

可以采用以下方法对安装的 PyTorch 软件包进行测试。首先，利用 cmd 命令打开命令行终端，输入以下命令激活环境：activate envname。然后，在虚拟环境中，分别输入以下命令：

```
命令 1: import torch
命令 2: import torchvision
命令 3: torch.cuda.is_available()
```

如果命令 1 和命令 2 执行后都出现错误，并且命令 3 执行后得到返回值 True，如图 1-18 所示，说明安装成功。

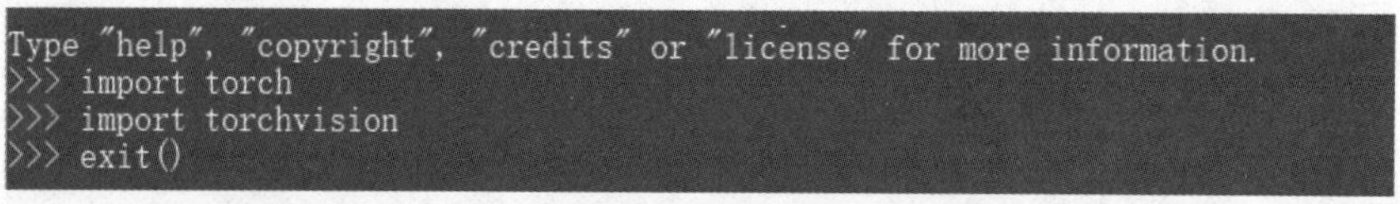

```
Type "help", "copyright", "credits" or "license" for more information.
>>> import torch
>>> import torchvision
>>> exit()
```

图 1-18　PyTorch 安装后的环境测试

（2）PyTorch 的环境设置

PyTorch 的环境设置步骤与 TensorFlow 相似。首先，启动 PyCharm，创建一个项目。然后，在 File 菜单中（如图 1-11 所示）利用 Settings 菜单选项，找到项目中的设置对话框，即依次单击 File → Setting → Project → Project-Interpreter 并进行设置。不同之处是，在 PyTorch 环境设置中，关联的虚拟环境中需要提前安装好 PyTorch 软件包。

具体地，如果 PyTorch 软件已经成功安装到指定的环境中，为了对 PyTorch 环境进行设置，可利用 cmd 命令打开命令行终端，输入命令 activate envname 激活环境。然后，参考上述 TensorFlow 的环境设置过程，关联虚拟环境，运行项目。

1.2　C++ 图像编程基础

1.2.1　C++ 与 OpenCV 结合处理图像

OpenCV 是 Intel 的开源计算机视觉库，遵循 BSD 许可证，包含数百种计算机视觉算法，可以在研究领域中免费使用。它由一系列库函数和 OpenCV 类构成，能够实现图像处理和计算机视觉的算法功能。它是一个跨平台的计算机视觉库。最初的开发库 1.x 版本是基于 C 语言的，后来，在 OpenCV2.x API 的版本中，开始基于 C++ 开发，而没有延续 OpenCV 1.x API 的风格。2.4 版本发布后，C 版本的 API 被弃用。

目前，OpenCV 可以支持多种编程语言，如 C++、Python、Java 等，操作系统平台包括 Windows、Linux、Android 和 iOS 等，基于 CUDA 和 OpenCL 的 GPU 运算接口也不断开发出来。近年来，由于人工智能技术的迅猛发展，目前较高版本的 OpenCV 已经拓展了人工智能技术的功能模块。利用 OpenCV 进行图像处理时，经常采用 OpenCV 与 Visual Studio 相结合的 C++ 编程和 OpenCV 与 Python 相结合的编程。这里我们着重介绍这两种环境下的实践环境的搭建。

1. Visual Studio 2019 的安装

截至 2022 年 6 月，OpenCV 的最新版本是 4.6.0。在实际工作中，OpenCV 4.1.0 和 Visual Studio 2019 常结合使用，早期 OpenCV 1.0 和 Visual Studio C++ 6.0 常结合使用。在这里我们分别介绍一下 OpenCV 4.1.0 和 Visual Studio 2019 结合使用时的软件安装及环境设置方法。我们假设是在 Windows 10 的 64 位操作系统环境下安装。

首先，对于 Visual Studio 2019 的安装，可以直接在官网下载 Visual Studio Community 2019 版本的软件并进行安装。下载的网站地址为 https://visualstudio.microsoft.com/。Windows 10 的 64 位操作系统可直接在微软官网下载。我们选择安装的 Visual Studio Community 2019（即社区版，适合学生实验用途）的界面如图 1-19 所示。

图 1-19　Visual Studio 2019 的下载界面

在安装过程中，可以采用默认选项进行安装。

选择工作负载时，要注意选择使用 C++ 的桌面开发和 Visual Studio 扩展开发。软件默认安装在 C 盘中，也可以根据需要安装在其他硬盘的逻辑分区中，例如 D 盘。

在安装完 Visual Studio 2019 后，启动软件，就可以通过单击“创建新项目”建立一个新的项目。创建空项目后，可以添加一个现有项的 C++ 代码，也可以利用菜单的新建项建立 C++ 的一个项目，如图 1-20 所示。

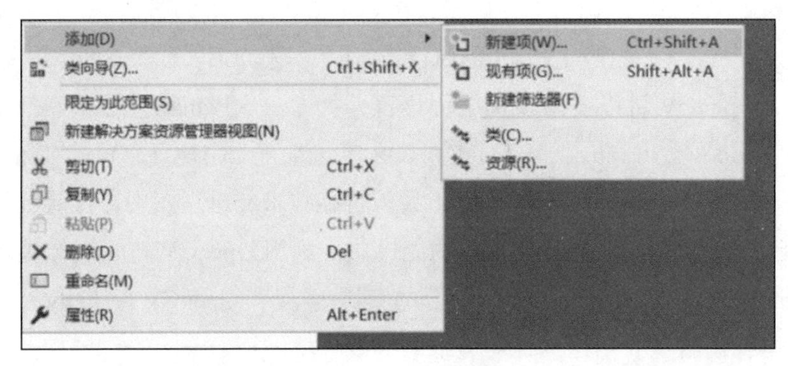

图 1-20 新建项菜单

在 Visual Studio 2019 中进行代码编辑后，注意保存项目。如果需要结合 OpenCV 软件进行图像处理，那么需要安装并设置 OpenCV 的环境。

2. OpenCV 4.1.0 的安装

从官方网站（https://opencv.org/releases/）下载 OpenCV，并安装软件包。

接下来，对 OpenCV 的环境变量进行设置。在操作系统的“此电脑”中单击鼠标右键，在快捷菜单中找到“属性”，依次选择“高级系统设置”→“环境变量”进行设置。双击“Path”→“新建”，创建一个路径，找到 OpenCV 4.1.0 安装目录中的 bin 路径，例如，C 盘或者 D 盘的安装目录。如果软件已经安装在 D 盘，那么在 D:\OpenCV\opencv\build\x64 下有 vc14 和 vc15 两个文件夹，选择 vc15，如图 1-21 所示。

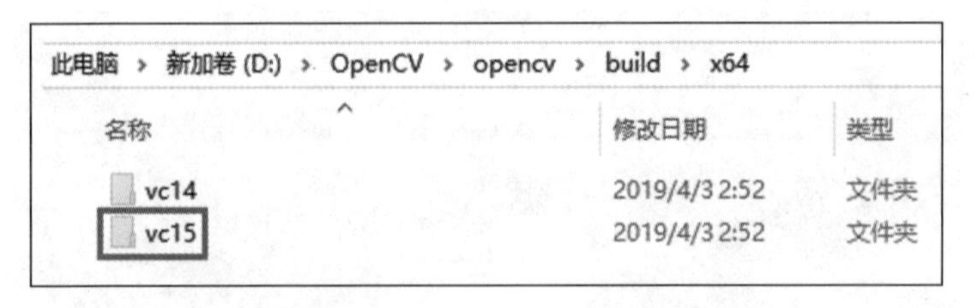

图 1-21 OpenCV 的安装路径

3. 在 Visual Studio 2019 中配置 OpenCV 4.1.0 的环境

首先，将上一步骤中在 bin 目录（D:\OpenCV\opencv\build\x64\vc15\bin）下的

dll 文件复制到 C:\Windows\System32 文件夹中。

对于上一步建立的 Visual Studio 2019 的 C++ 项目，在 Visual Studio 环境中依次单击“菜单栏→视图→其他窗口→属性管理器”，如图 1-22 所示。

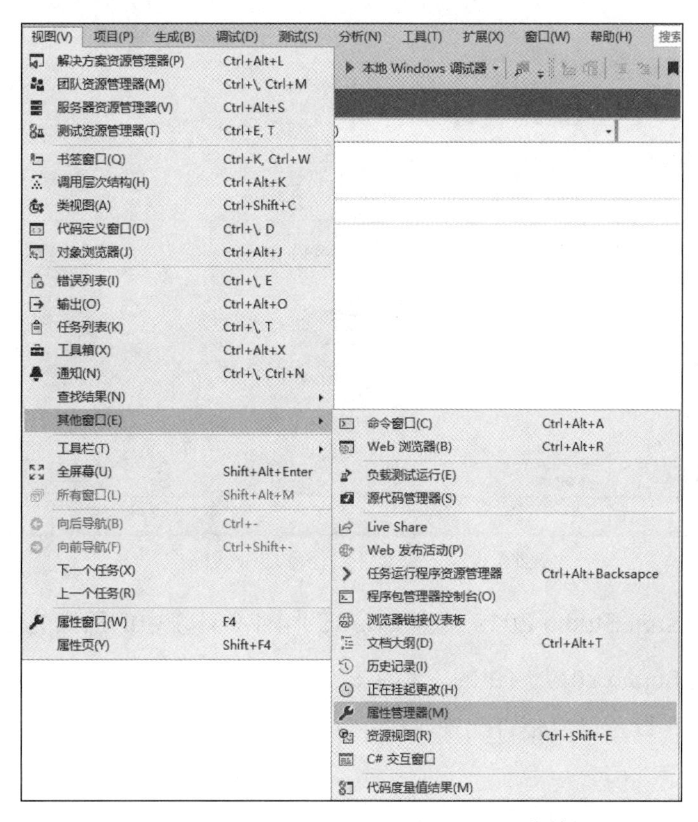

图 1-22　Visual Studio 2019 的 C++ 项目的菜单界面

双击新建的 OpenCV410x64Debug，在其中的“通用属性—VC++ 目录—包含目录”中添加 OpenCV 安装的 include 文件路径，如图 1-23 所示。

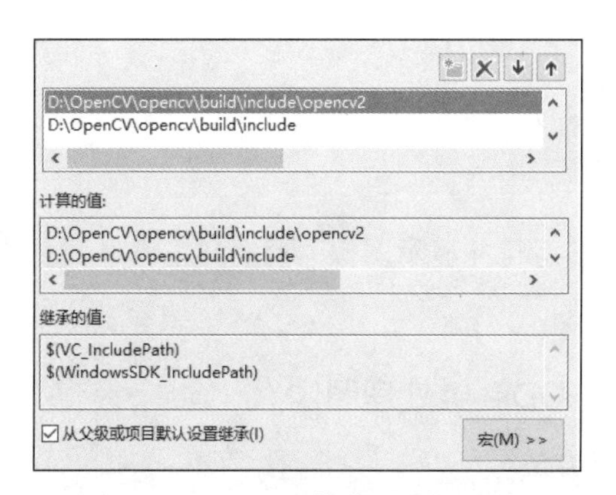

图 1-23　include 文件路径添加对话框

在“通用属性—VC++ 目录—库目录”中添加 OpenCV 安装的库文件路径，如图 1-24 所示。

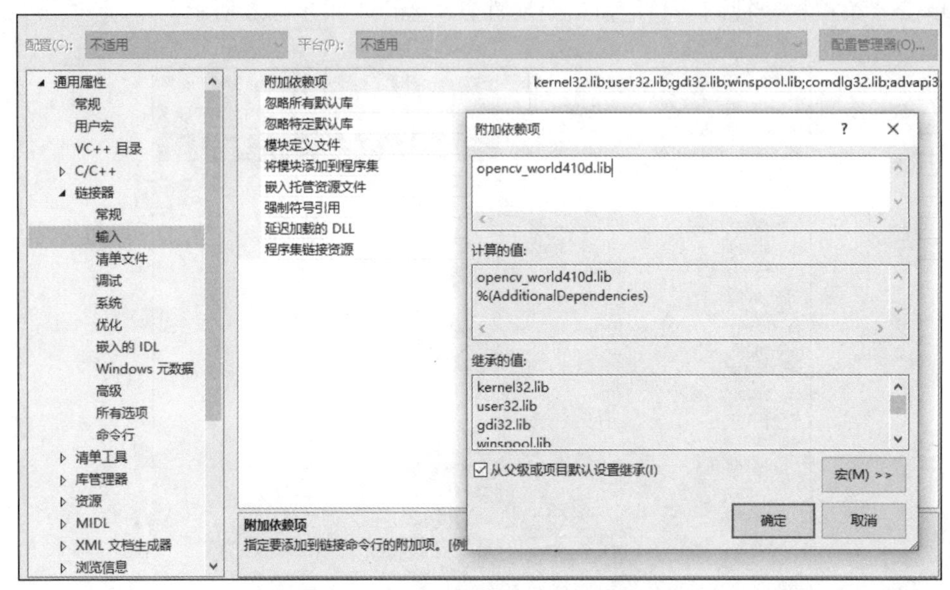

图 1-24 库文件路径添加对话框

4. 测试 Visual Studio 2019 结合 OpenCV 4.1.0 环境中的图像处理功能

在 Visual Studio 2019 创建的工程中，输入以下代码，测试 OpenCV 读入和显示图像的功能，以及环境是否配置成功。

```
#include <iostream>
#include <OpenCV2/opencv.hpp>
using namespace std;
using namespace cv;
int main()
{
Mat src = imread("d:/mytest/testImg.jpg");
imshow("Test opencv", src);
waitKey(0);
destroyAllWindows();
return 0;
}
```

编译后，如果能够运行并显示图像，说明环境已经配置成功，否则需要重新配置。

1.2.2 利用 C++ 的 CDib 类处理图像

1. CDib 类的创建方法

为了对 BMP 图像进行操作，可以自己定义一个 CDib 类，也可以在网上下载一个微软提供的 CDib 类。

创建 CDib 类时，还可以利用 Visual Studio 2019 建立类，在类的信息中给出类的名称为 CDib，这时系统会默认类中文件名为 Dib.h 和 Dib.cpp。然后，系统会将该类自动创建好，用户就可以进一步把 CDib 类中的成员及成员函数添加进来。自己定义时，要清楚在该类中封装了 BMP 图像操作的成员。CDib 类中主要的数据成员包括以下几种：

- m_hBitmap：位图文件头结构的指针。
- m_lpBMIH：位图信息头结构的指针。
- m_lpImage：位图数据的起始地址。
- m_lpvColorTable：索引文件的颜色表的地址。
- m_dwSizeImage：BMP 图像的尺度。

CDib 类中主要的成员函数如下所示：

```
CSize GetDimensions();// 获取图像的尺度
BOOL Draw(CDC* pDC, CPoint origin, CSize size);// 绘制 BMP 图像
BOOL Read(CFile* pFile);// 读取 BMP 文件
BOOL Write(CFile* pFile);// 保存 BMP 文件
RGBQUAD GetPixel(int x, int y);// 获取 (x,y) 的像素灰度或颜色值
void WritePixel(int x, int y,RGBQUAD color);// 将 (x,y) 像素设置为 color
void CreateCDib(CSize size, int nBitCount); //建立 nBitCount 位、尺度为 size
                                              的位图
void CopyDib(CDib* pDibSrc);// 将 pDibSrc 中的位图对象拷贝到当前对象中
```

对于 CDib 类成员函数体的定义，读者可以参考相关资料，这里不再赘述。

对于 BMP 图像的操作，本节主要介绍利用 CDib 类打开图像、读取文件、显示图像的方法。为了使用 CDib 进行图像处理，我们可以先建立 CDib 类，然后将其加入工程文件中使用。可以在创建工程后，将事先建立的 CDib.cpp 和 CDib.h 加入工程中。单击“新建工程→添加现有项”，然后选择 CDib.cpp 和 CDib.h，就可以将它们加入工程中，自动形成 CDib 类。

2. CDib 类的使用

首先，在 MFC 项目中添加 CDib 类之后，在源代码中包含 CDib 类的头文件：

```
#include"CDib.h"
```

再在 MFC 单文档的视图类中定义一个 CDib 类的对象成员 mybmp：

```
CDib mybmp;
```

利用文件对话框获取文件的名称（例如 test.bmp），再用二进制的只读方式打开 test.bmp，然后利用 mybmp 对象及成员函数 Read 读取图像中的描述信息及图像数

据信息，读取的结果保存到 mybmp 对象之中。读取图像的形式如下：

```
mybmp.Read(&file);
```

为了显示读取的 BMP 图像，可以采用 MFC 的 View 类中的 OnDraw 函数加以实现。在 OnDraw 函数中加入下面的语句来实现显示图像的功能：

```
mybmp.Draw(pDC,CPoint(0,0),sizeDibDisplay);
```

其中，CPoint(0,0) 表示绘制的图像以屏幕的左上角作为起始点。sizeDibDisplay 是表示绘制图像的尺度信息的变量，其值可以在读取图像后获得：

```
sizeDibDisplay=mybmp.GetDimensions();
```

图 1-25 给出了显示 BMP 图像的实例。

图 1-25　显示 BMP 图像的实例

1.3 Python 图像处理基础

基于 Python 的图像编程经常结合第三方软件包进行，常见的软件包有 skimage、PIL 和 OpenCV。在本书中，采用 Python 作为描述语言，针对与 skimage、PIL 和 OpenCV 相结合的图像处理算法进行深度讨论。关于 C++ 的 CDib 类方法以及 C++ 和 OpenCV 结合的编程实例，在本书附录中列出。

1.3.1 skimage 基础

skimage 包的全称是 scikit-image SciKit（toolkit for SciPy），它是一组图像处理

算法的集合，由志愿者社区团队用 Python 编程语言实现，并在 BSD 开源许可证下可用。目前，它已经成为图像处理的理想工具包。它提供一个高效、强大的图像算法库的用户接口函数，能够满足研究人员的使用需求，具有实用价值。它对 scipy.ndimage 进行了扩展，提供了更多的图片处理功能。skimage 包由许多子模块组成，各个子模块提供不同的功能。主要的子模块如下：

- 读取、保存和显示图像的模块 io。
- 颜色空间变换模块 color。
- 图像增强及边缘检测模块 filters。
- 基本图形绘制模块 draw。
- 几何变换模块 transform。
- 形态学处理模块 morphology。
- 图像强度调整模块 exposure。
- 特征检测与提取模块 feature。
- 图像属性的测量模块 measure。
- 图像分割模块 segmentation。
- 图像恢复模块 restoration。
- 应用功能模块 util。

skimage 软件包的安装方法已经在 1.1 节中进行了阐述。下面介绍如何利用 skimage 打开、显示处理图像。

对图像进行读取、显示处理，需要使用 skimage 的 io 模块。使用头文件导入 io 模块：from skimage import io。然后利用 io 模块获取图像信息并显示图像。

【例 1-1】利用 skimage 读取、显示图像。

```
from skimage import io
import numpy as np
image=io.imread("d:/test/img.jpg")
io.imshow(image)
io.show()  # 显示图像
```

我们还可以获取图像的基本信息：

```
from skimage import io
image=io.imread("d:/test/img.jpg")
io.imshow(image)
io.show()  # 显示图像
print(type(image))      # 打印图像类型信息
print(image.shape)      # 打印图像尺寸信息
print(image.shape[0])  # 打印图像宽度信息
print(image.shape[1])  # 打印图像高度信息
```

```
print(image.shape[2])  #打印图像通道数信息
print(image.size)      #打印图像总像素个数信息
print(image.max())     #打印图像最大像素值信息
print(image.min())     #打印图像最小像素值信息
print(image mg.mean()) #打印图像像素平均灰度信息
```

1.3.2 PIL 基础

1. PIL 简介

PIL（Python Imaging Library）是 Python 的第三方图像处理库，功能强大，被认为是 Python 的官方图像处理库。PIL 历史悠久，但是只支持 Python 2.7 及以前的版本，后来出现了移植到 Python 3 的库 Pillow。Pillow 是 PIL 的一个派生分支，但如今已经比 PIL 功能更强，其网站为 https://pillow.readthedocs.io/en/stable/。因此，目前 Python 3.x 需要安装 Pillow。Pillow 软件包的安装方法在 1.1 节中已经介绍过，在虚拟环境已经激活的情况下，在虚拟环境中运行 pip 命令 pip install pillow 即可安装。

PIL 的主要功能包括：

- 图像归档：实现图像归档以及图像的批处理任务，例如创建缩略图、转换图像格式、打印图像等。
- 图像展示：包括 Tk PhotoImage、BitmapImage 以及 Windows DIB 等接口。由于支持丰富的 GUI 框架接口，因此可以有效实现图像的显示与输出。
- 强大的图像处理功能：包括点的处理、利用卷积核进行滤波、图像的大小转换、图像旋转，以及任意的仿射变换。它还支持直方图的统计分析，能实现对比度的增强功能等。

2. PIL 图像处理的基本概念

1）通道（channel）。每幅图像都由一个或者多个数据通道构成。例如，RGB 图像有 R、G、B 三个数据通道。一般情况下，灰度图像只有一个通道，但是，PIL 允许利用单通道数据合成相同维数和深度的多个通道的结果。

2）图像模式（mode）。定义了图像的类型和像素的位宽。

- mode 如果为 1，表示黑白图像每个像素存储为 1 位。
- mode 如果为 L，表示 8 位像素，每个像素存储表示黑和白的 8 位。
- mode 如果为 P，表示 8 位像素，使用调色板映射到其他模式。
- mode 如果为 RGB，表示 3 × 8 位像素，为真彩色。
- mode 如果为 RGBA，表示 4 × 8 位像素，为有透明通道的真彩色。
- mode 如果为 CMYK，表示 4 × 8 位像素，颜色分离。

- mode 如果为 YCbCr，表示 3 × 8 位像素，为彩色视频格式。
- mode 如果为 I，表示 32 位整型像素。
- mode 如果为 F，表示 32 位浮点型像素。

3）图像尺寸。通过 size 方法可以获得，为一个二元组，即水平和垂直方向像素数。长方形表示为四元组，最前面是左上角坐标。例如，一个覆盖 800 × 600 像素的图像的长方形表示为（0，0，800，600）。

4）坐标系统。采用笛卡儿像素坐标系，原点位于左上角，坐标值表示像素的角。例如，坐标（0，0）处的像素的中心实际上位于（0.5，0.5）。

5）可利用 info 属性为一张图片添加一些辅助信息，例如，利用字典对象保存信息。

6）滤波器。提供了 4 个不同的采样滤波器：

- 最近滤波 NEAREST：从输入图像中选取最近的像素进行滤波操作。
- 双线性滤波 BILINEAR：在输入图像的 2 × 2 矩阵上进行线性插值。但是，在 PIL 当前版本做下采样时，该滤波器使用固定输入模板，用于固定比例的几何变换。
- 双立方滤波 BICUBIC：在输入图像的 4 × 4 矩阵上进行立方插值，在 PIL 的当前版本做下采样时，该滤波器使用固定输入模板，用于固定比例的几何变换。
- 平滑滤波 ANTIALIAS：在当前的 PIL 版本中，这个滤波器只用于改变尺寸和缩略图方法，该滤波器为下采样。

Pillow 包括以下类模块：

- Image 模块
- ImageChops（“Channel Operations”）模块
- ImageColor 模块
- ImageDraw 模块
- ImageEnhance 模块
- ImageFile 模块
- ImageFilter 模块
- ImageFont 模块
- ImageGrab 模块（仅用于 Windows）
- ImageMath 模块
- ImageOps 模块
- ImagePalette 模块

- ImagePath 模块
- ImageQt 模块
- ImageSequence 模块
- ImageStat 模块
- ImageTk 模块
- ImageWin 模块（仅用于 Windows）
- PSDraw 模块

在这些类中，Image 类是一个基本类。图像的基本操作离不开 Image 类的支撑。Image 类中常用的方法之一就是 open，即打开图像，返回一个 Image 对象。例如：

```
ImageObj=Image.open("mytest.jpg")
```

通过返回的 ImageObj 对象，可获取打开图像的属性或者对图像进行处理，包括：

- 从 ImageObj.format() 获取图像的格式，如 jpg、jpeg、ppm。
- 从 ImageObj.size 获取图像的尺寸。
- 从 ImageObj.mode 获取图像的颜色属性、灰度图或 RGB。
- 利用 ImageObj.show() 显示图像。
- 利用 ImageObj.save(arg1,arg2) 将图像文件 arg1 保存为 arg2 格式。
- 利用 ImageObj.crop(arg) 截取图像的矩形区域，其区域由 arg 参数给定。
- 利用 ImageObj.split 将图像按照不同通道分离，例如：

```
R,G,B= ImageObj.split()
```

- 利用 ImageObj.merge 将不同通道 R、G、B 合并为一个图像，例如：

```
NewImage = ImageObj.merge("RGB",(R,G,B))
```

下面阐述如何利用 PIL 对图像进行打开及显示处理。Image 类是 PIL 中的核心类，其中常用的方法有 open、save 等。

【例 1-2】利用 PIL 读取、显示图像。

```
import os, sys
from PIL import Image
img = Image.open("dogImg.jpg", "r")
img.show()  #显示图像
xsize,ysize= img.size
print(img.size,img.format,img.mode)        #打印图像基本信息
img.save("test.png", 'png')                #将图像重新保存成 png 格式的图像文件
print(type(img))
print(img.size)
print(img.mode)
print(img.format)
```

```
print(img.getpixel((0,0)))                #打印图像的像素信息
img.save("testimage.jpg", "JPEG")
```

其中，size 表示图像的宽度和高度（像素表示）；format 表示图像的格式，包括 JPEG、PNG 等；mode 表示图像的模式，常见的有 RGB、HSV 等。一般来说，L 表示灰度图像，RGB 表示真彩图像，CMYK 表示预先压缩的图像。

1.3.3　OpenCV 基础

OpenCV 是一个开源库，它是基于计算机视觉研究及应用的背景开发的。在 OpenCV 与 Python 结合的编程中，Python 提供了便于编写代码的功能。此外，对于速度问题，可以用 C/C++ 解决计算密集型功能部分，通过 Python 接口进行调用的方式进行处理，从而获得兼顾高效计算和便捷编程的双重优势。

目前，OpenCV 开源库更便于实时操作，其效率足以满足工业上的要求。随着人工智能技术的发展，OpenCV 在实际应用中常与其他库（比如 NumPy 等）一起使用，使得 Python 能够处理 OpenCV 数组结构。这样，就可以将 OpenCV 的功能与 Python 编码结合，一方面充分发挥 OpenCV 在视觉、自动控制等方面强大的功能，另一方面能够将这些功能结合并嵌入基于 Python 编程的人工智能、深度学习的框架软件中，例如 TensorFlow、PyTorch 等，从而在深度学习的框架结构中充分发挥 OpenCV 的作用。

为了实现 OpenCV 与 Python 相结合的编程，需要安装 OpenCV 和 Python 的软件包，以及第三方库。不同版本的 Python 和 OpenCV 在用于图像处理时，算法的编写及处理方法会有差异，这里我们针对 OpenCV 4.1 及 Python 3.7 进行阐述。

首先，为了获取 OpenCV 的功能，需要在 Python 代码的开始处导入 OpenCV 的软件包，命令如下：

```
import cv2
```

（1）图像类型的支持

常见的图像类型包括二值图像、灰度图像、彩色图像。

- 二值图像：具有 0 和 1 两级灰度图像，如果用灰度对应，0 为黑色，1 为白色。
- 灰度图像：具有 256 个灰度级，灰度范围为 [0,255]，0 为黑色，255 为白色。
- 彩色图像：用 RGB 色彩空间表示时，具有红、绿、蓝三种通道，强度范围为 [0,255]。应注意，在 OpenCV 中用 BGR 色彩空间表示。

在 OpenCV 中利用 cv2.imread() 函数实现图像读取，命令格式为：

```
cv2.imread(filename[, flags])
```

例如：

```
img = cv2.imread("d:\testimg.jpg")
```

其中，filename是读取图像的文件名（可以指定路径）。不指定路径时，默认读取的图像在当前项目的根目录下。flags指定图像读取方式，有以下几种：

- cv2.IMREAD_COLOR：加载彩色图像，忽略图像的透明信息，默认读入彩色图像。
- cv2.IMREAD_GRAYSCALE：读入灰度图像。
- cv2.IMREAD_UNCHANGED：读入包含透明度通道的图像。

OpenCV分别利用1、0、−1表示这三种参数的选项（常量）。

（2）OpenCV支持不同色彩空间中图像格式的转换

图像的表达与色彩空间有密切关系。常见的线性色彩空间有RGB和CMYK，RGB以红色、绿色和蓝色为基色，CMYK的基色为蓝色、品红、黄色和黑色。除此之外，HSL（色调、饱和度和亮度）色彩空间及HSV（色调、饱和度和色值）色彩空间也是常用的色彩空间。这些色彩空间在处理实际问题时经常被使用，并且有时需要在不同色彩空间对图像进行格式转换。

OpenCV提供了图像在不同色彩空间转换的功能。例如，在读取数字图像后，可以根据需要进行色彩空间的转换：

```
img_hsv = cv2.cvtColor(img, cv2.COLOR_BGR2HSV)
img_hls = cv2.cvtColor(img, cv2.COLOR_BGR2HLS)
```

这两个函数调用语句将img分别从RGB色彩空间转换为HSV和HLS空间。

应该说明的是，OpenCV默认情况下读取的是图像的RGB彩色信息，不同于Matplotlib。在实际算法处理中，常需要RGB色彩信息，因此需要进行格式转换：

```
imgRGB = cv2.cvtColor(img, cv2.COLOR_BGR2RGB)
```

【例1-3】利用OpenCV读取图像并显示图像。

```
import cv2
img = cv2.imread('mytestimage.jpg')
cv2.imshow("Image", img)
```

【例1-4】利用OpenCV实现通道分离的功能。

在对数字图像进行处理和分析时，经常需要对不同通道的信息进行分离，OpenCV很容易实现像素处理和通道的分离功能：

```
import matplotlib.pyplot as plt
import cv2
```

```
img = cv2.imread('mytestimage.jpg')
for i in range(0,3):
    tmp[i] = img[:, :, i]
    tmp.imshow(img [:, :, i], cmap = 'gray')
plt.show()
```

其中，tmp 获得读入图像 img 的不同通道的分离结果，进一步绘制不同通道的分量。

【例 1-5】利用 OpenCV 实现图像的像素处理。

利用 OpenCV 对图像的像素进行操作的实现为：

```
import matplotlib.pyplot as plt
import cv2
img = cv2.imread('mytestimage.jpg')
size = img.shape
for i in range(0, size[0]):              #i 表示像素的行数
     for j in range(0, size[1]):         #j 表示像素的列数
          for k in range(0,3):           #k 表示通道数
               img[i,j,k]=255            #该区域的像素值均修改为 255
cv2.imshow("Image", img)
```

第 2 章　数字图像处理基础

2.1　实践：数字图像处理基础

1. 实践目的

1）通过安装软件，掌握软件环境构建的实践技能。

2）熟悉 Python 编程方法，掌握编程的基本技能。

3）熟悉 PyCharm 安装、环境配置及使用方法。

4）掌握 skimage、OpenCV 及 PIL 编程处理图像的方法，提高软件编程能力。

5）掌握通过编程打开图像的基本方法，掌握获取图像尺度信息的方法。

6）学会图像的显示方法。

2. 实践环境

1）操作系统为 Windows 10 或者 Linux。

2）Anaconda 3.x、PyCharm 2018.x 或以上、Python 3.5 或以上、skimage、sklearn、Matplotlib 3.3.1、SciPy 1.5.2、NumPy 1.19.1、OpenCV 4.1、Pillow 7.2.0。

3. 实践内容

1）按照 1.1 节介绍的软件安装方法，安装实践所需的软件。注意，在安装软件的过程中建立虚拟环境，将所需要的软件安装在虚拟环境中。

2）启动 PyCharm，建立一个简单的工程，关联已经建立的虚拟环境，并运行程序。

3）分别编写代码，显示不同图像。

4）通过编写代码，获得每幅图像的尺度，输出高及宽的尺度。

5）通过查阅代码，实现同时显示不同图像的功能。

6）将以上实践内容分别采用 OpenCV、skimage 和 PIL 编程实现。

4. 实践过程描述

描述实践过程及实践结果。

5. 实践总结

总结实践过程中的收获及体会。

6. 实践代码

列出实践代码。

2.2　相关概念与知识

1. 数字图像的基本知识

在开始实践任务之前，我们先回顾一下数字图像的基本概念。

数字图像是指利用采集设备对客观的三维世界实体的外观及环境的光照能量进行数据采集，再进一步采样和量化的结果。

数字图像可以采用二元组 $<P,G>$ 表示，其中 P 是像素坐标的集合，G 是像素的颜色或者灰度的集合。其具体表示为

$$P=\{(x,y)|0\leqslant x\leqslant X,0\leqslant y\leqslant Y\} \tag{2-1}$$

$$G=\{g|g=f(p)\cap p\in P\} \tag{2-2}$$

式中，x 为小于 M 的非负整数集合，y 为小于 N 的非负整数集合。M 和 N 分别表示图像在水平及垂直方向的最大尺度。

数字图像由二维的元素组成，这些元素被称为**像素**。每个像素具有一个特定的位置 (x,y) 和幅值 g，对应集合 P 和 G 之间的一个映射。假设图像中的 (x,y) 为 $(3,5)$，幅值 g 表示颜色值，为 $f(3,5)$ 的结果。对于一幅图像，用矩阵表示灰度值的阵列，如图 2-1 所示。

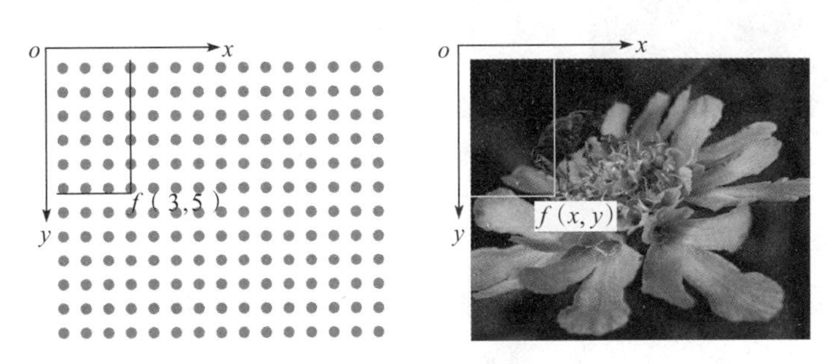

图 2-1　数字图像的实例

对一幅图像采样后，采用矩阵 $\boldsymbol{I}(x,y)$ 表示。即

$$\boldsymbol{I}(x,y)=\begin{bmatrix} I(0,0) & I(1,0) & \dots & I(M-1,0) \\ I(0,1) & I(1,1) & \dots & I(M-1,0) \\ \vdots & \vdots & & \vdots \\ I(0,N-1) & I(1,N-1) & \dots & I(M-1,N-1) \end{bmatrix} \tag{2-3}$$

$\boldsymbol{I}(x,y)$ 表示每行（即横向）的像素为 M 个，每列（即纵向）的像素为 N 个，图像中共有 $M\times N$ 个像素，$0\leqslant x\leqslant M$，$0\leqslant y\leqslant N$。

对于灰度图像，像素的灰度值表示图像像素的深浅程度，可以用强度表示，对应物体表面的亮度。图像的亮度是指物体表面被照射后的明亮程度，由反射系数决

定，即由物体表面光的反射光强度决定。一般来说，颜色越浅，表示亮度越高，对应目标物体的表面能量越高。图像的强度等级是灰度图像的灰度种类的数目，通常使用的强度等级有 256、64 、16、8 和 2。对于强度等级为 256 的图像，每个像素可以取 0 ~ 255 的灰度值，0 表示黑色，255 表示白色。

二值图像是一种特殊的灰度图像，其强度等级为 2，图像中的每个像素标记为 0（表示白色标记背景）或 1（表示黑色标记前景），它们的灰度值分别对应 255 和 0。

彩色图像中，每个像素用色彩表示，有多种色彩模型可以表示图像的像素颜色。例如，RGB 及 CMYK 是两种常用的色彩模型。

图 2-2 给出了一个 RGB 色彩空间的彩色图像实例。从图中可以清楚地看出，每个像素由 R、G 和 B 三个分量组成，每个分量占内存的一个字节，每个像素的颜色由三个分量共同确定。

图 2-2　RGB 彩色图像实例

2. 软件安装的知识

软件安装需要按照一定的先后顺序进行，Anaconda 和 PyChar 可以不装入虚拟环境内，因此可以先进行安装。第三方库及深度学习框架 TensorFlow 和 PyTorch 一般需要安装在虚拟环境内，所以安装前先创建虚拟环境，命令为：

```
conda create –n envname python=3.7
```

如果需要，可以先建立镜像，然后进行创建和安装。对于第三方库，可以在“开始”菜单中，利用 cmd 命令打开命令行终端，并且激活虚拟环境，输入第三方库的安装命令即可安装。

- 安装 NumPy 的命令为：conda install numpy=1.18.1。
- 安装 scikit-learn 的命令为：conda install scikit-learn=0.22.1。
- 安装 SciPy 的命令为：conda install scipy=1.2.0。
- 安装 Matplotlib 的命令为：pip install matplotlib。

- 安装 Pillow 的命令为：pip install pillow。
- 安装 sklearn 的命令为：pip install sklearn。
- 安装 OpenCV 的命令为：pip install opencv。
- 安装 scikit-image 的命令为：pip install scikit-image。
- 安装 GPU 版本 TensorFlow 的命令为：conda install tensorflow-gpu=1.14.0。
- 安装 CPU 版本 TensorFlow 的命令为：conda install tensorflow=1.14.0。

安装 PyTorch 的命令为：conda install pytorch torchvision cudatoolkit=10.2。

3.OpenCV、skimage 和 PIL 用于图像打开操作的基本命令

OpenCV、skimage 和 PIL 中用于图像打开操作的命令如下：

- OpenCV：img = cv2.imread('mytestimage.jpg')。
- skimage：image=io.imread("d:/test/img.jpg")。
- PIL：ImageObj=Image.open("mytest.jpg")。

2.3　实践过程的引导与讨论

本节的实践旨在从以下几个方面训练学生的实践技能：

- 在软件安装与环境设置中，训练学生安装软件及设置工程环境的基本能力。
- 在利用不同的软件包实现图像的打开、显示及图像基本信息获取的实践环节中，一方面让学生熟悉编程软件包的使用方法，另一方面训练学生处理问题、解决问题的能力。

下面阐述在软件安装、环境设置及图像信息获取环节的实践过程中应该注意的问题，以及遇到各种实践问题时应如何解决问题。

（1）问题 1：关于虚拟环境

我们在安装深度学习框架软件及第三方库时，需要先建立虚拟环境。然后，在激活虚拟环境的情况下，进一步安装所需要的软件。

如果创建、激活虚拟环境的过程不成功，就要从以下几个方面查找原因：

1）如果创建失败，请查看是否已经安装 Anaconda 软件包，只有安装该软件包后才能利用它的 create 命令创建虚拟环境。

2）如果创建成功，但是在虚拟环境中安装软件失败，则需要查看一下软件安装的镜像环境中是否缺少该软件包。这时可以考虑先删除现有镜像源，再重新添加新的镜像源，相关命令如下所示。

- 查看镜像源：

```
conda config --show channels
```

● 删除镜像源：

```
conda config --remove-key channels
```

● 添加镜像源（例如添加清华源）：

```
conda config --add channels https://mirrors.tuna.tsinghua.edu.cn/
    Anaconda/pkgs/free/
conda config --add channels https://mirrors.tuna.tsinghua.edu.cn/
    Anaconda/pkgs/main/
conda config --set show_channel_urls yes
```

遇到这类问题时，可以充分利用网络资源来解决问题。可以参考图 2-3 查询关键词，根据网络资源的提示，逐步解决虚拟环境创建及使用过程中遇到的问题。

图 2-3　查找创建与删除镜像问题

（2）问题 2：安装图像处理软件时可能遇到的问题

在实践过程中，可能在安装 skimage、PIL 或 OpenCV 时遇到一些问题。例如，在安装 skimage 时，出现以下问题：

```
ERROR: Command "python setup.py egg_info" failed with error code 1 in /
    tmp/pip-install-rar9t7jd/matplotlib/
```

查阅相关资料之后会发现，这个问题是软件版本约定造成的，因此，要注意安装软件版本匹配的问题。由于约定“从 Matplotlib 3.1 开始，需要 Python 3.6 或者更高的版本”，因此，如果已经安装 Python 3.5 版本，同时安装了 Matplotlib 3.1，那么在进一步安装 skimage 时，就会出现以上错误信息。这时，可以先卸载

Matplotlib，命令如下：

```
pip uninstall matplotlib
```

然后，再安装较低版本的软件包，例如：

```
pip install matplotlib==2.2.2
```

之后安装 skimage，问题就可能得到解决。

（3）问题 3：在安装 skimage 时，出现报错“No module named skimage”

在安装 skimage 时，如果采用安装命令 pip install skimage，就会出现报错“No module named skimage”。解决这一问题仍然需要查阅网络资源，查阅的关键词如图 2-4 所示。

图 2-4　安装 skimage 时对报错的查询方法

应该注意的是，在安装 PIL 时，也会出现类似的版本不匹配问题。例如，出现如图 2-5 所示的报错信息。

```
Could not find a version that satisfies the requirement PIL (from versions: )

No matching distribution found for PIL
```

图 2-5　安装 PIL 时出现的报错信息

在实践过程中，可以采用上述查阅资料的方法找到出现问题的主要原因，学会解决这些实际问题的方法。

另外，在利用 skimage、PIL 和 OpenCV 打开一幅图像时，要注意它们在表示图像信息时具有一定的差异，并且读取的图像数据可以互相转换。请注意以下知识点：

1）读取图像时的差别。

- PIL：彩色图像或者灰度图像都可以读取，软件包自行区分读取，无须用户指定读取模式（mode）。读取图像的颜色通道顺序默认为 RGB 或 RGBA。默认读入宽高阵列数据，如果用于深度学习，需要通过 ndarray 转换变为高宽（行列）阵列。
- skimage: 在用 io.imread 函数读取图像时，用户可以设定参数 as_gray。该参数为 True 时，指定读取灰度图像，彩色图像可以直接转换为灰度图（float64）。如果不需要转换为灰度图像，则要设定参数 as_gray 为 False。
- OpenCV：cv2.imread 中共有两个参数，第一个参数为要读入的图片文件名，第二个参数为图片的读取模式。使用时可以选择以下常量：如果以彩色 BGR 模式读入图片，第二个参数可以选用常量 IMREAD_COLOR，表示 1；如果以灰度图像读入一幅彩色图片，第二个参数可以选用常量 IMREAD_GRAYSCALE，表示 0；如果读入一幅图片，包括其 alpha 通道，则第二个参数可以选用常量 IMREAD_UNCHANGED，表示 -1。

2）混合使用 skimage、PIL 和 OpenCV 进行图像处理时，需要进行相互转换。

- skimage 与 OpenCV 相互转换：

```
from skimage import img_as_float,img_as_ubyte
sk_image = img_as_float(any_opencv_image)   # opencv_to_skimage
cv_image = img_as_ubyte(any_skimage_image)  # skimage_to_opencv
```

- PIL 与 OpenCV 相互转换：

```
import cv2
from PIL import Image
import numpy

# PIL_to_opencv
image = Image.open("tesy.jpg")
image.show()
img = cv2.cvtColor(numpy.asarray(image),cv2.COLOR_RGB2BGR)
cv2.imshow("",img)
cv2.waitKey()

# opencv_to_PIL
img = cv2.imread("test.jpg")
cv2.imshow("",img)
image = Image.fromarray(cv2.cvtColor(img,cv2.COLOR_BGR2RGB))
image.show()
cv2.waitKey()
```

如果在实践中遇到这些问题，也可以通过查阅资料来解决，如图 2-6 所示。

图 2-6　使用 skimage、PIL 和 OpenCV 关键词查阅资料

2.4　实践问题思考

在实践过程中，可以思考以下问题：

1）在使用 skimage、PIL 和 OpenCV 打开图像并处理时，分别用不同的参数进行实践，以便对 skimage、PIL 和 OpenCV 打开图像的函数有更好的理解。

2）对于获得图像的尺度参数，判断是否可以采用中间打印输出、跟踪变量参数等手段，并进行实践。

3）获取图像的尺度参数后，能否通过查阅文献的方法实现对图像的缩放，然后将结果保存起来？

4）能否通过前面的介绍，使用 skimage、PIL 和 OpenCV 打开图像，然后实现打开的不同图像之间的格式转换功能？

5）考虑使用 skimage、PIL 和 OpenCV 打开图像时，数据格式之间的不同。

第 3 章　图像的基本操作实践

3.1　实践：图像的基本操作

1. 实践目的

1）熟悉 skimage、OpenCV 及 PIL 的编程方法，提高软件编程能力。

2）熟悉 Python 编程方法，提高编程的基本能力。

3）熟悉 PyCharm 环境的使用方法。

4）掌握图像的显示方法。

5）学会编辑图像，包括改变像素颜色、截取部分图像等。

6）掌握利用网络资源查阅文献、解决实践问题的技能。

2. 软件环境

1）操作系统为 Windows 10 或者 Linux。

2）Anaconda 3.x、PyCharm 2018.x 或以上、Python 3.5 或以上、skimage、sklearn、Matplotlib 3.3.1、SciPy 1.5.2、NumPy 1.19.1、OpenCV 4.1、Pillow 7.2.0。

3. 实践内容

1）启动 PyCharm，建立一个简单的工程 project1，编写代码，分别实现对 playboy、Flower、Pepper、fruits 等图像的某些行和列的像素进行颜色修改的功能，然后显示编辑后的结果。

2）启动 PyCharm, 建立一个简单的工程 project2，编写代码，对上述图像实现灰度化处理的功能，然后显示编辑后的结果。

3）启动 PyCharm, 建立一个简单的工程 project3，编写代码，对上述图像实现截取部分图像的功能，然后显示编辑后的结果。

4）启动 PyCharm, 建立一个简单的工程 project4，编写代码，对上述彩色图像进行灰度化处理之后，同时在一个窗口内显示原图像和灰度化后的图像。

5）在实践过程中，通过查阅文献，解决遇到的问题。

6）以上内容可以分别采用 OpenCV、skimage 或者 PIL 编程实现。

4. 实践过程描述

描述实践过程及实践结果。

5. 实践总结

总结实践过程中的收获及体会。

6. 实践代码

列出实践代码。

3.2　相关概念与知识

OpenCV、skimage 和 PIL 对图像进行读取操作的基本命令如下。

- skimage 读取图像的命令：

```
image=io.imread("d:/test/img.jpg")
```

- PIL 读取图像的命令：

```
ImageObj=Image.open("mytest.jpg")
```

- OpenCV 读取图像的命令：

```
img = cv2.imread('mytestimage.jpg')。
```

此外，利用 OpenCV 可实现对图像的像素处理，命令如下：

```
import matplotlib.pyplot as plt
import cv2
img = cv2.imread('mytestimage.jpg')
size = img.shape
for i in range(0, size[0]):               #i 表示像素的行数
     for j in range(0, size[1]):          #j 表示像素的列数
          for k in range(0,3):            #k 表示通道数
               img[i,j,k]=255             #该区域的像素值均修改为 255
cv2.imshow("Image", img)
```

3.3　实践过程的引导与讨论

在本实践中，应该注意以下一些问题：

- 对于一幅图像，如何产生噪声干扰效果。
- 对于一幅打开的图像，如何对其像素进行编辑操作。
- 如何采用多窗口对图像进行显示。

下面依次说明如何在各个实践环节中解决上述问题。

1. 如何产生噪声干扰效果

为了产生噪声干扰效果，根据前述的实践内容，首先打开一幅图像，然后查阅

资料，关键词为“skimage 图像，噪声干扰”，可得知其函数如下：

```
skimage.util.random_noise(image, mode='gaussian', seed=None, clip=True,
    **kwargs)
```

根据不同参数选项可以得到不同的加噪结果：

```
noise_gs_img = util.random_noise(img,mode='gaussian')
noise_salt_img = util.random_noise(img,mode='salt')
noise_pepper_img = util.random_noise(img,mode='pepper')
noise_sp_img = util.random_noise(img,mode='s&p')
noise_speckle_img = util.random_noise(img,mode='speckle')
```

这样，可以将不同噪声图像显示在不同的窗口中。

2. 对图像像素进行编辑操作

为了对图像进行编辑操作，根据前述的实践内容，首先打开一幅图像，然后对图像的像素进行修改颜色等操作。

1）对图像进行颜色空间的转换，例如：

```
import numpy as np
import matplotlib.pyplot as plt
img = cv2.imread('mytest.png')
plt.imshow(img)
img_rgb = cv2.cvtColor(img, cv2.COLOR_BGR2RGB)
plt.imshow(img_rgb)
```

由于 OpenCV 读取出来的图片颜色模式默认为 BGR，因此必须转换为 RGB 格式后才能显示输出。

进一步，还可以实现不同色彩空间的转换：

```
# 转换为 HSV 和 HLS 色彩空间
img_hsv = cv2.cvtColor(img, cv2.COLOR_BGR2HSV)
img_hls = cv2.cvtColor(img, cv2.COLOR_BGR2HLS)
```

2）对图像进行灰度化处理，命令如下：

```
img_gray = cv2.cvtColor(img, cv2.COLOR_BGR2GRAY) #转化为灰度图像
plt.imshow(img_gray, cmap = 'gray')
```

3）取出每个通道的图像数据信息，然后显示输出。

这里可以利用数组的通道信息 img_rgb[:, :, i]，具体命令为：

```
fig, axs = plt.subplots(nrows = 1, ncols = 3,figsize = (20, 20))
for i in range(0, 3):
    ax =axs[i]
    ax.imshow(img_rgb[:, :, i], cmap = 'gray') # 单个颜色通道图片的显示
plt.show()
```

3.4　实践问题思考

在实践过程中，可以思考以下问题：

1）在使用 skimage、PIL 和 OpenCV 打开图像后，分别使用不同的参数进行实践，实现对图像灰度及颜色的编辑，以便加深对图像编辑的理解。

2）取出图像部分行和列的数据信息后，能否以新的图像文件的形式保存到磁盘上？

3）是否能够对图像按照分辨率进行缩放并保存结果？

第 4 章　图像的基本运算实践

4.1　实践：图像的基本运算

1. 实践目的

1）熟悉 skimage、OpenCV 及 PIL 的编程方法，提高软件编程能力。

2）熟悉 Python 编程方法，提高编程的基本能力。

3）熟悉 PyCharm 环境的使用方法。

4）掌握图像的基本运算的实现方法。

5）学会编程实现图像的代数运算、逻辑运算、几何运算和缩放处理功能。

6）掌握利用网络资源查阅文献、解决实践问题的技能。

2. 软件环境

1）操作系统为 Windows 10 或者 Linux。

2）Anaconda 3.x、PyCharm 2018.x 或以上、Python 3.5 或以上、skimage、sklearn、Matplotlib 3.3.1、SciPy 1.5.2、NumPy 1.19.1、OpenCV 4.1、Pillow 7.2.0。

3. 实践内容

1）启动 PyCharm，建立一个简单的工程 project1，编写代码，完成对两幅图像进行代数运算的功能，然后显示运算后的结果。

2）启动 PyCharm，建立一个简单的工程 project2，编写代码，完成对两幅图像进行逻辑运算的功能，然后显示运算后的结果。

3）启动 PyCharm, 建立一个简单的工程 project3，编写代码，完成对一幅图像进行镜像、平移、旋转几何运算的功能，然后显示运算后的结果。

4）启动 PyCharm, 建立一个简单的工程 project4，编写代码，完成对一幅图像进行缩放处理的功能，然后显示处理后的结果。

5）在实践过程中，通过查阅文献解决遇到的问题。

6）以上内容可以采用 OpenCV、skimage 或者 PIL 编程实现。

4. 实践过程描述

描述实践过程及实践结果。

5. 实践总结

总结实践过程中的收获及体会。

6. 实践代码

列出实践代码。

4.2　相关概念与知识

1. 代数运算

代数运算是指两幅图像之间的加、减、乘、除运算，这些运算从本质上看是两幅图像的对应像素之间的运算。

图像处理中代数运算的四种基本形式如下：

$$
\begin{aligned}
C(x,y) &= A(x,y)+B(x,y)\\
C(x,y) &= A(x,y)-B(x,y)\\
C(x,y) &= A(x,y)\times B(x,y)\\
C(x,y) &= A(x,y)/B(x,y)
\end{aligned}
\tag{4-1}
$$

其中，$A(x,y)$ 和 $B(x,y)$ 分别为两幅输入图像在 (x,y) 处的灰度值或彩色值。在代数运算过程中，像素位置不变，对应像素的灰度（或颜色分量）进行加、减、乘、除运算。应该注意的是，如果结果大于 255，置为 255；如果结果小于 0，置为 0；如果除数为 0，置为 0。

图 4-1 给出了代数运算的实例。每组实例中，前两个是参与运算的图像，第三个是代数运算的结果。

0	0	0	0
0	100	100	0
0	100	100	0
0	0	0	0

100	0	0	0
0	100	0	0
0	0	100	0
0	0	0	100

100	0	0	0
0	200	100	0
0	100	200	0
0	0	0	100

a）加法运算

0	0	0	0
0	100	100	0
0	100	100	0
0	0	0	0

100	0	0	0
0	100	0	0
0	0	100	0
0	0	0	100

0	0	0	0
0	0	100	0
0	100	0	0
0	0	0	0

b）减法运算

图 4-1　代数运算实例

0	0	0	0
0	100	100	0
0	100	100	0
0	0	0	0

100	0	0	0
0	100	0	0
0	0	100	0
0	0	0	100

0	0	0	0
0	255	0	0
0	0	255	0
0	0	0	0

c）乘法运算

0	0	0	0
0	100	100	0
0	100	100	0
0	0	0	0

100	0	0	0
0	100	0	0
0	0	100	0
0	0	0	100

0	0	0	0
0	1	0	0
0	0	1	0
0	0	0	0

d）除法运算

图 4-1 （续）

2. 逻辑运算

逻辑运算实际上也是对两幅图像的对应像素进行的运算。逻辑运算包括与（AND）、或（OR）及补运算。要对灰度图像进行逻辑运算，首先要进行二值化处理，再进行逻辑运算。如果是彩色图像，还要经过灰度化以后才能进行二值化处理。二值化处理的基本方法是选择一个阈值，然后利用式（4-2）进行处理：

$$s = T(r) = \begin{cases} 255 & A \leqslant r \leqslant B \\ 0 & \text{其他} \end{cases} \tag{4-2}$$

对灰度图像进行二值化处理，可以突出一定范围的信息，A 和 B 的取值不同，二值化结果差异很大。例如，图 4-2b、图 4-2c 是对图 4-2a 采用不同 A 和 B 的值进行二值化的结果。

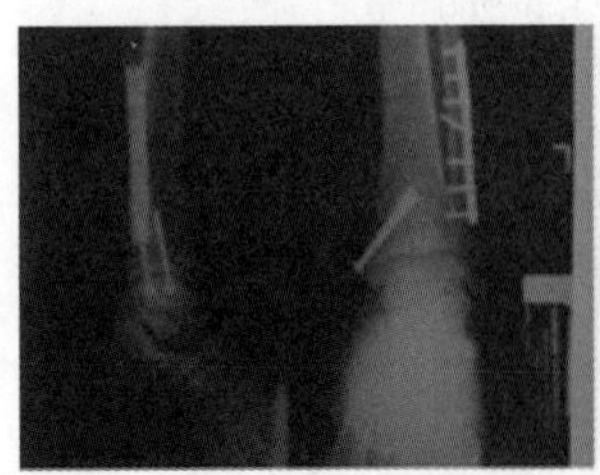

a）原图像

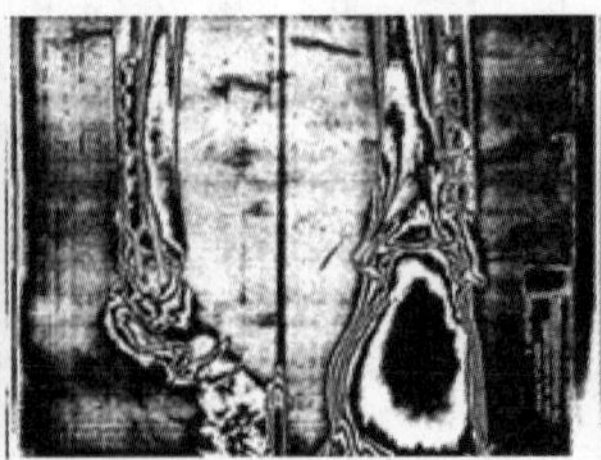

b）二值化图像 1

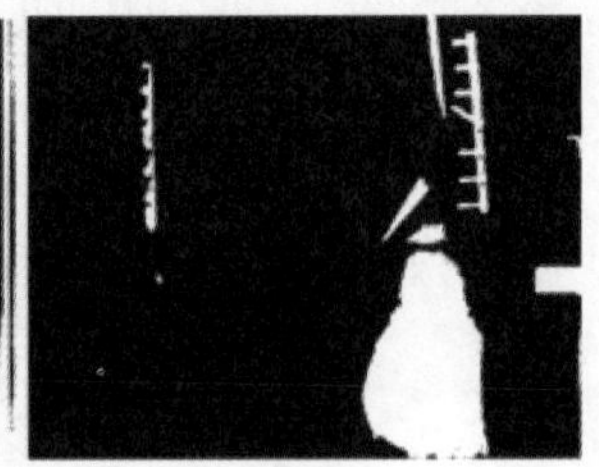

c）二值化图像 2

图 4-2　图像的二值化实例

逻辑运算中的与运算和或运算是双目运算，从本质上看，是两幅图像的对应像素的二值化结果之间的逻辑运算。补运算是单目运算，是对像素的二值化结果进行取补的运算。这些逻辑运算可以组合使用，组合而成的运算称为复合逻辑运算。逻辑运算是像素位置不变，在对应像素的灰度（或颜色分量）二值化结果之间进行逻辑与、或、补的运算。

3. 图像的几何运算

图像的几何变换包括图像的平移、旋转、放大、缩小和镜像。通过几何变换可以改变图像的空间位置关系，但不改变图像的色彩特性。图 4-3 给出了图像的几何变换实例。

a）原图像　b）平移　c）旋转

d）水平镜像

图 4-3　图像的几何变换实例

实现图像的几何变换的几何运算的一般定义为：

$$g(x,y)=I(u,v) \tag{4-3}$$

其中，$I(u,v)$ 为输入图像，$g(x,y)$ 为输出图像，它从 uv 坐标变换为 xy 坐标。

图像旋转是指把图像绕其中心以逆时针或顺时针方向旋转一定的角度，常用逆时针方向旋转。

图像旋转的变换矩阵如式（4-4）所示。

$$\begin{bmatrix} x_1 \\ y_1 \\ 1 \end{bmatrix}=\begin{bmatrix} \cos\theta & -\sin\theta & 0 \\ \sin\theta & \cos\theta & 0 \\ 0 & 0 & 1 \end{bmatrix}\begin{bmatrix} x_0 \\ y_0 \\ 1 \end{bmatrix} \tag{4-4}$$

其中，(x_0,y_0) 为像素在原图像中的坐标，(x_1,y_1) 为变换后的坐标，θ 是图像的旋转角度。应该注意的是，图像旋转之后可能会出现一些空白点，需要对这些空白点进行灰度级的插值处理，否则会影响旋转后的图像质量。

由于设备坐标系的原点在图像的左上角，图像旋转是围绕其中心进行的，因此，为了得到旋转后的新坐标，要经过三个步骤：

1）坐标原点平移到图像中心处（每个像素坐标都进行平移变换）。

2）针对新的原点对平移后的坐标做旋转。

3）将坐标原点移回屏幕的左上角。

4. 图像缩放

图像缩放指的是通过去掉或增加像素来改变图像的尺寸。当图像缩小时，图像会变得更加清晰；当图像放大时，图像的质量有所下降，因此需要插值。

图像缩放、旋转等几何变换需要对图像原有的灰度或者颜色进行重新采样处理和插值处理。灰度重采样是指图像进行几何变换时，需要对输入图像的像素的灰度或者颜色进行重采样，采用插值等手段处理后，将结果赋予相应的输出像素。最近邻插值法是指在灰度（或者颜色）重采样中，输出图像的灰度等于离它最近的像素的灰度值。双线性插值是指利用当前像素的 4 个相邻像素灰度值（或者颜色），通过双线性插值方法计算得到的目标像素的灰度值（或者颜色）。

4.3 实践过程的引导与讨论

在本实践中，应该注意以下一些问题：

- 对于打开图像，如何实现两幅图像相加、相减等算术运算？
- 对于打开图像，如何实现逻辑运算？
- 对于打开图像，如何实现镜像、平移、旋转等几何运算功能？
- 对于打开图像，如何实现缩放处理功能？

1. 图像二值化处理

由于本实践中涉及的逻辑运算需要将图像进行二值化处理，因此，实践中需要先进行二值化图像处理。

对于打开图像，可以通过查阅网络资源的方式，了解对其进行二值化处理的方法，关键词可以参考“Python 图像，二值化”。

例如，OpenCV 的二值化处理方法为：

```
#OpenCV 的二值化处理方法
_, t0 = cv2.threshold(img_gray, 127, 255, cv2.THRESH_BINARY)
_, t1 = cv2.threshold(img_gray, 127, 255, cv2.THRESH_BINARY_INV)
_, t2 = cv2.threshold(img_gray, 127, 255, cv2.THRESH_TOZERO)
```

```
_, t3 = cv2.threshold(img_gray, 127, 255, cv2.THRESH_TOZERO_INV)
_, t4 = cv2.threshold(img_gray, 127, 255, cv2.THRESH_TRUNC)
```

skimage 的二值化处理方法为：

```
from skimage import io,data,color,filters
img=io.imread("1.jpg")
plt.imshow(img)
plt.show()
img_gray = color.rgb2gray(img)
thresh = filters.threshold_yen(img_gray)
dst =(img_gray <= thresh)*1.0 # 二值化处理
plt.figure(' 二值化 ')
plt.subplot(121)
plt.imshow(img_gray,plt.cm.gray)
plt.subplot(122)
plt.imshow(dst,plt.cm.gray)
plt.show()
```

2. 逻辑运算

在进行逻辑运算时，应该注意，要先进行灰度化、二值化，再进行逻辑运算。

```
import cv2
import numpy as np
img1 = cv2.imread('test1.jpg')
img2gray = cv2.cvtColor(img1, cv2.COLOR_BGR2GRAY)
ret, Mask = cv2.threshold(img2gray, 170, 255, cv2.THRESH_BINARY)
Mask_inv = cv2.bitwise_not(Mask)
img1_fg = cv2.bitwise_and(img1, img1, mask=Mask_inv)
cv2.imshow('res', img1_fg)
cv2.imshow('das', Mask_inv)
cv2.waitKey(0)
cv2.destroyAllWindows()
```

4.4　实践问题思考

在实践过程中，可以思考以下问题：

1）在使用 skimage、PIL 和 OpenCV 打开图像处理后，能否结合前面学习的知识，实现将图像中某个区域的内容读取出来并保存到磁盘文件中的功能？

2）分别利用不同的参数进行实践，实现对图像不同前景目标的抠取，并通过加法运算合成到目标图像中，输出相应的处理结果。

3）在使用 skimage、PIL 和 OpenCV 打开图像处理后，能否结合前面学习的知识，实现将图像中某个区域的内容抠取出来，并对该目标进行旋转处理，再叠加合成到某个目标图像中？

4）能否利用本章所学的知识，将一个视频序列中的运动目标分离出来？

5）对于给定的两幅图像（如图 4-4a 和图 4-4b 所示），能否编程实现图 4-4c 所示的结果？

a）

b）

c）

图 4-4　图像合成实例

第 5 章　图像增强处理实践

5.1　实践 1：图像点运算增强处理

1. 实践目的

1）熟悉 skimage、OpenCV 及 PIL 的编程方法，提高软件编程能力。

2）熟悉 Python 编程方法，提高编程的基本能力。

3）熟悉 PyCharm 环境的使用方法。

4）掌握图像的增强处理方法。

5）学会编程实现图像的点运算、直方图均衡化等增强处理功能。

6）掌握利用网络资源查阅文献、解决实践问题的技能。

2. 软件环境

1）操作系统为 Windows 10 或者 Linux。

2）Anaconda 3.x、PyCharm 2018.x 或以上、Python 3.5 或以上、skimage、sklearn、Matplotlib 3.3.1、SciPy 1.5.2、NumPy 1.19.1、OpenCV 4.1、Pillow 7.2.0。

3. 实践内容

1）启动 PyCharm, 建立一个简单的工程 project1，编写代码，完成对图像的算术点运算处理功能，并显示处理后的结果。

2）启动 PyCharm, 建立一个简单的工程 project2，编写代码，完成对图像的幂变换锐化处理功能，并显示处理后的结果。

3）启动 PyCharm, 建立一个简单的工程 project3，编写代码，完成对图像直方图均衡化的增强处理，并显示处理后的结果。

4）在实践过程中，通过查阅文献解决遇到的问题。

5）以上内容分别采用 OpenCV、skimage 和 PIL 编程实现。

4. 实践过程描述

描述实践过程及实践结果。

5. 实践总结

总结实践过程中的收获及体会。

6. 实践代码

列出实践代码。

5.2 实践 2：空域增强处理

1. 实践目的

1）熟悉 skimage、OpenCV 及 PIL 的编程方法，提高软件编程能力。

2）熟悉 Python 编程方法，提高编程的基本能力。

3）熟悉 PyCharm 环境的使用方法。

4）掌握图像的增强处理的方法。

5）学会编程实现图像平滑、锐化等增强处理功能。

6）掌握利用网络资源查阅文献、解决实践问题的技能。

2. 软件环境

1）操作系统为 Windows 10 或者 Linux。

2）Anaconda 3.x、PyCharm 2018.x 或以上，Python 3.5 或以上、skimage、sklearn、Matplotlib 3.3.1、SciPy 1.5.2、NumPy 1.19.1、OpenCV 4.1、Pillow 7.2.0。

3. 实践内容

1）启动 PyCharm，建立一个简单的工程 project1，编写代码，完成对带噪声图像的去噪平滑处理功能，并显示处理后的结果。

2）启动 PyCharm，建立一个简单的工程 project2，编写代码，完成对模糊的图像进行锐化处理的功能，并显示处理后的结果。

3）在实践过程中，通过查阅文献解决遇到的问题。

4）以上内容分别采用 OpenCV、skimage 和 PIL 编程实现。

4. 实践过程描述

描述实践过程及实践结果。

5. 实践总结

总结实践过程中的收获及体会。

6. 实践代码

列出实践代码。

5.3 实践 3：频域滤波增强处理

1. 实践目的

1）熟悉 skimage、OpenCV 及 PIL 的编程方法，提高软件编程能力。

2）熟悉 Python 编程方法，提高编程的基本能力。

3）熟悉 PyCharm 环境的使用方法。

4）掌握图像的增强处理方法。

5）学会编程实现利用频域滤波器对图像进行平滑、锐化等增强处理功能。

6）掌握利用网络资源查阅文献并解决问题的技能。

2. 软件环境

1）操作系统为 Windows10 或者 Linux。

2）Anaconda 3.x、PyCharm 2018.x 或以上、Python 3.5 或以上、skimage、sklearn、Matplotlib 3.3.1、SciPy 1.5.2、NumPy 1.19.1、OpenCV 4.1、Pillow 7.2.0。

3. 实践内容

1）启动 PyCharm，建立一个简单的工程 project1，编写代码，对带噪声的图像采用频域低通滤波器实现图像的去噪处理，并显示处理后的结果。

2）启动 PyCharm，建立一个简单的工程 project2，编写代码，对一幅模糊的图像采用频域高通滤波器进行增强处理，并显示处理后的结果。

3）在实践过程中，通过查阅文献解决遇到的问题。

4）以上内容分别采用 OpenCV、skimage 或者 PIL 编程实现。

4. 实践过程描述

描述实践过程及实践结果。

5. 实践总结

总结实践过程中的收获及体会。

6. 实践代码

列出实践代码。

5.4 实践 4：彩色化图像增强处理

1. 实践目的

1）熟悉 skimage、OpenCV 及 PIL 的编程方法，提高软件编程能力。

2）熟悉 Python 编程方法，提高编程的基本能力。

3）熟悉 PyCharm 环境的使用方法。

4）掌握图像的伪彩色增强处理方法。

5）学会编程实现利用强度分层法和灰度级到彩色变换等方法对图像进行增强处理。

6）掌握利用网络资源查阅文献、解决实践问题的技能。

2. 软件环境

1）操作系统为 Windows 10 或者 Linux。

2）Anaconda 3.x、PyCharm 2018.x 或以上、Python 3.5 或以上、skimage、sklearn、Matplotlib 3.3.1、SciPy 1.5.2、NumPy 1.19.1、OpenCV 4.1、Pillow 7.2.0。

3. 实践内容

1）启动 PyCharm, 建立一个简单的工程 project1，编写代码，对一幅灰度图像利用强度分层法实现伪彩色化处理，并显示处理后的结果。

2）启动 PyCharm, 建立一个简单的工程 project2，编写代码，对一幅灰度图像利用灰度级到彩色变换的方法实现伪彩色化处理，并显示处理后的结果。

3）在实践过程中，通过查阅文献解决遇到的问题。

4）以上内容分别采用 OpenCV、skimage 或者 PIL 编程实现。

4. 实践过程描述

描述实践过程及实践结果

5. 实践总结

总结实践过程中的收获及体会。

6. 实践代码

列出实践代码。

5.5 相关概念与知识

1. 线性及非线性点运算

图像的空域增强处理的方法主要分为点处理和模板处理两大类。点处理是作用于单个像素的空间域处理方法，包括图像灰度变换、直方图处理、伪彩色处理等。

点运算可以表示为：

$$S(x,y)=T[R(x,y)] \tag{5-1}$$

线性点运算的灰度变换函数可以采用线性方程描述，即

$$s=kr+b \tag{5-2}$$

其中，r 为输入点的灰度值，s 为相应输出点的灰度值。

非线性点运算是指对于像素的灰度值采用非线性变换处理的方法，典型方法包括对数变换和幂变换。

对数变换的一般表达式为：

$$s = k\log(1+r) \tag{5-3}$$

其中，k 为常数，r 为图像灰度。

对数变换的作用是扩展低灰度区，压缩高灰度区。

幂变换的一般形式为：

$$s = kr^{\gamma} \tag{5-4}$$

其中，k 和 γ 是参数，不同的取值直接影响着变换结果的质量。

2. 直方图均衡化

通常采用直方图均衡化方法来对图像进行增强处理。

直方图均衡化的步骤是：

1）计算各灰度级像素个数 num_k，进一步统计直方图：

$$p(k) = \frac{\text{num}_k}{\text{num}} \tag{5-5}$$

2）计算直方图累计分布曲线：

$$\text{sum}_k = \sum_{j=0}^{k} p(j) = \sum_{j=0}^{k} \frac{\text{num}_j}{\text{num}} \tag{5-6}$$

3）对于图像中的任意像素，如果灰度为 g，那么计算它调整后的灰度 g'：$g' = \text{sum}_g * 255$，sum_g 是直方图对灰度 g 的累计结果。

4）图像中每个像素都按照步骤 3 进行变换。

3. 伪彩色

伪彩色处理是将灰度值映射到彩色空间中，使灰度图像变为彩色图像。处理可以在空域中进行，也可以在频域中进行。目前，常用的方法有强度分层法和灰度级到彩色变换法两种。

灰度级伪彩色化处理可以表示为：

$$d(x,y) = c_k (1 \leqslant k \leqslant L+1) \tag{5-7}$$

其中，$d(x,y)$ 是图像在 (x,y) 处的像素级别，c_k 是 V_k 间隔的颜色。

利用变换方法可以实现灰度图像的位彩色化。具体地，将灰度图像中某像素的灰度值作为红、绿、蓝分量。

图 5-1 给出了灰度图像变成位彩色图像的步骤。

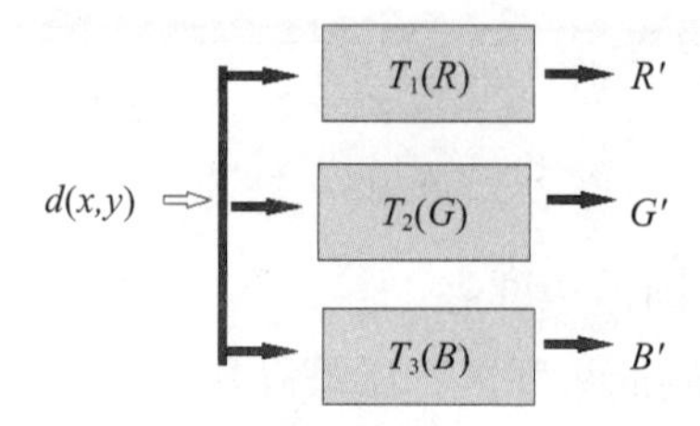

图 5-1 灰度级到彩色变换的方法

5.6 实践过程的引导与讨论

在本实践中，主要完成图像的增强处理，可以采取以下增强手段：

- 对比度拉伸
- 伪彩色
- 直方图均衡化处理
- 空域的平滑滤波处理
- 空域的锐化滤波处理
- 频域的低通滤波处理
- 频域的高通滤波处理
- 伪彩色化增强处理

在实践过程中，要注意不同方法的使用和增强方法的对比。具体地，应该注意以下一些问题。

1. 对比度拉伸处理

对于打开图像，可以采用不同对比度拉伸手段进行实验，同时，不同软件包也提供不同的对比度拉伸功能，例如：

```
import  cv2
import  math
import  imutils
import  numpy as np
img = cv2.imread('test.png')
gray_img=cv2.cvtColor(img,cv2.COLOR_BGR2GRAY)
image=cv2.cvtColor(gray_img,cv2.COLOR_GRAY2BGR)
gamma_img1 = np.zeros((image.shape[0], image.shape[1], 3), dtype=np.
    float32)
for i in range(image.shape[0]):
     for j in range(image.shape[1]):
           gamma_img1[i, j, 0] = math.pow(image[i, j, 0], 5)
           gamma_img1[i, j, 1] = math.pow(image[i, j, 1], 5)
           gamma_img1[i, j, 2] = math.pow(image[i, j, 2], 5)
cv2.normalize(gamma_img1, gamma_img1, 0, 255, cv2.NORM_MINMAX)
```

```
gamma_img1 = cv2.convertScaleAbs(gamma_img1)
cv2.imshow('image', imutils.resize(image, 400))
cv2.imshow('gamma1 transform', imutils.resize(gamma_img1, 400))
if cv2.waitKey(0) == 27:
     cv2.destroyAllWindows()
```

这是利用 math 库实现幂运算的灰度变化处理，采用 OpenCV 实现读取和显示功能。

此外，也可以采用 skimage 的工具对灰度图像进行增强处理。例如：

```
from skimage import data, exposure, img_as_float
import matplotlib.pyplot as plt
image = img_as_float(data.moon())
gam1= exposure.adjust_gamma(image, 2)   # 调暗
gam2= exposure.adjust_gamma(image, 0.5)  # 调亮
plt.figure('adjust_gamma',figsize=(8,8))
plt.subplot(131)
plt.title('origin image')
plt.imshow(image,plt.cm.gray)
plt.axis('off')
plt.subplot(132)
plt.title('gamma=2')
plt.imshow(gam1,plt.cm.gray)
plt.axis('off')
```

实践过程中，还可以采用不同软件工具进行实验和测试。

2. 空域的平滑和锐化滤波处理

在空域增强的实践中，可以采用不同算子进行实验，以便比较、分析不同算子的增强效果和性能。例如：

```
from skimage import data,filters,color,feature,io
import matplotlib.pyplot as plt
from skimage.morphology import disk
import skimage

img = io.imread("fruits.bmp")
edges1 = feature.canny(img)             #sigma=1
edges2 = feature.canny(img,sigma=3)     #sigma=3
edges3 = filters.sobel(img)             #sobel 算子用于检测边缘
edges4 = filters.prewitt_h(img)         # 水平算子
edges5 = filters.prewitt_v(img)         # 垂直算子
edges6 = filters.prewitt(img)           #Prewitt 算子用于检测边缘
edges7 = filters.laplace(img)           #laplace 算子用于检测边缘
```

3. 频域的滤波增强处理

在频域增强的滤波处理实践中，可以对不同滤波器（例如，理想滤波器、高斯

滤波器、指数型滤波器等）进行实验，以便比较、分析不同频率滤波器的增强效果和性能。

对于同一个滤波器，也需要采用不同的滤波截止半径进行实践，以便比较不同截止半径对滤波效果的影响。例如：

```
# 高斯滤波
from skimage import data,filters
import matplotlib.pyplot as plt

img = data.astronaut()

edges1 = filters.gaussian_filter(img,sigma=0.4) #sigma=0.4
edges2 = filters.gaussian_filter(img,sigma=5) #sigma=5
plt.figure('gaussian',figsize=(8,8))
plt.subplot(121)
plt.imshow(edges1,plt.cm.gray)
plt.subplot(122)
plt.imshow(edges2,plt.cm.gray)
plt.show()
```

在这个实例中，sigma 可以采用不同的参数进行实验，以便比较滤波的效果。

4. 伪彩色化处理

在实践中，可以考虑利用相同的伪彩色化算法对不同的图像进行处理，观察实验的结果，并且针对同一幅图像采用不同算法进行实践，分析其效果，找出实验方法和规律。

5.7 实践问题思考

在实践过程中，可以思考以下问题：

1）在对比度拉伸处理实验中，通过对不同对比度拉伸的变换函数进行实验，你认为线性和非线性的方法中，哪些方法更有效？

2）在空域平滑和锐化的滤波处理实验中，不同滤波器的滤波效果差异大吗？不同的滤波核尺度对滤波效果有影响吗？

3）在频域的滤波增强处理实验中，不同滤波器的滤波增强效果差异大吗？截止半径对滤波结果有何影响？

4）在伪彩色化处理中，对于不同的彩色化处理策略，例如分层的方法和通道变换的方法，哪一种伪彩色处理的效果更理想？

第 6 章　图像复原处理实践

6.1　实践：图像复原处理

1. 实践目的

1）熟悉 skimage、OpenCV 及 PIL 的编程方法，提高软件编程能力。

2）熟悉 Python 编程方法，提高编程的基本能力。

3）熟悉 PyCharm 环境的使用方法。

4）掌握图像复原处理的方法。

5）学会编程实现对图像进行复原处理。

6）掌握利用网络资源查阅文献、解决实践问题的技能。

2. 软件环境

1）操作系统为 Windows 10 或者 Linux。

2）Anaconda 3.x、PyCharm 2018.x 或以上、Python 3.5 或以上、skimage、sklearn、Matplotlib 3.3.1、SciPy 1.5.2、NumPy 1.19.1、OpenCV 4.1、Pillow 7.2.0。

3. 实践内容

1）启动 PyCharm，建立一个简单的工程 project1，编写代码，利用逆滤波方法对图像进行损失后的复原处理，并显示处理后的结果。

2）启动 PyCharm，建立一个简单的工程 project2，编写代码，利用维纳滤波方法对图像进行损失后的复原处理，并显示处理后的结果。

3）在实践过程中，通过查阅文献解决遇到的问题。

4）以上内容分别采用 OpenCV、skimage 或者 PIL 编程实现。

4. 实践过程描述

描述实践过程及实践结果。

5. 实践总结

总结实践过程中的收获及体会。

6. 实践代码

列出实践代码。

6.2 相关概念与知识

1. 逆滤波复原的基础知识

逆滤波是最早使用的一种无约束复原方法，根据对退化系统的冲激响应函数 $h(x,y)$ 和噪声函数的了解，在误差最小的情况下，利用它们的傅里叶变换 $H(u,v)$ 和 $n(u,v)$ 进行估计，如式（6-1）所示。

$$\hat{F}(u,v)=\frac{G(u,v)}{H(u,v)}=F(u,v)+\frac{n(u,v)}{H(u,v)} \tag{6-1}$$

其中，$G(u,v)$ 为退化图像的傅里叶变换，$n(u,v)$ 表示的噪声可以用随机函数产生，$\hat{F}(u,v)$ 为原始图像的傅里叶变换的估计。在计算得到 $\hat{F}(u,v)$ 后，再求 $\hat{F}(u,v)$ 反变换，即可以得到复原的图像。

2. 维纳滤波复原的基础知识

维纳滤波复原是假定图像信号可近似看作平稳的随机过程，使得复原后的图像与原始图像之间的均方误差最小，即

$$E\{[\hat{f}(x,y)-f(x,y)]^2\}=\min \tag{6-2}$$

其中，$f(x,y)$ 为原图像（退化图像），$\hat{f}(x,y)$ 为复原后的图像。

在频域中，图像的维纳滤波复原公式如式（6-3）所示：

$$\hat{F}(u,v)=\left[\frac{1}{H(u,v)}\times\frac{|H(u,v)|^2}{|H(u,v)|^2+S_n(u,v)/S_f(u,v)}\right]G(u,v) \tag{6-3}$$

其中，$G(u,v)$ 是退化图像的傅里叶变换，$H(u,v)$ 是冲激响应函数的傅里叶变换，$S_n(u,v)=|N(u,v)|^2$ 为噪声的功率谱，$S_f(u,v)=|F(u,v)|^2$ 为退化图像的功率谱。

6.3 实践过程的引导与讨论

在维纳滤波、逆滤波的图像复原实践中，应该注意以下几个方面的问题：

1）在利用频域滤波进行复原的实践中，要注意对于不同的复原图像，在滤波过程中分别利用维纳滤波、逆滤波进行复原处理，以便比较不同复原滤波处理方法的差异。

2）这两种滤波复原处理中，对于某一幅损失图像，可以采用不同参数进行滤波处理，以便比较参数对滤波效果的影响。

6.4 实践问题思考

在实践过程中，可以思考以下问题：

1）在图像复原处理的实践中，通过对不同滤波复原方法的比较，你认为维纳滤波、逆滤波方法哪一种更有效？

2）在两种滤波复原处理方法中，参数对滤波处理是否有影响？请比较、说明参数对滤波效果的影响。

第 7 章　彩色图像处理实践

7.1　实践：彩色图像处理

1. 实践目的

1）熟悉 skimage、OpenCV 及 PIL 的编程方法，提高软件编程能力。

2）熟悉 Python 编程方法，提高编程的基本能力。

3）熟悉 PyCharm 环境的使用方法。

4）掌握彩色图像处理的方法。

5）学会编程实现对彩色图像处理的功能，实现彩色图像的灰度化、浮雕效果和马赛克特效。

6）掌握利用网络资源查阅文献、解决实践问题的技能。

2. 软件环境

1）操作系统为 Windows 10 或者 Linux。

2）Anaconda 3.x、PyCharm 2018.x 或以上、Python 3.5 或以上、skimage、sklearn、Matplotlib 3.3.1、SciPy 1.5.2、NumPy 1.19.1、OpenCV 4.1、Pillow 7.2.0。

3. 实践内容

1）启动 PyCharm，建立一个工程 project1，编写代码，完成对彩色图像的色彩取反操作，并显示处理后的结果。

2）启动 PyCharm，建立一个工程 project2，编写代码，完成对彩色图像生成浮雕效果的处理，并显示处理后的结果。

3）启动 PyCharm，建立一个工程 project3，编写代码，完成对彩色图像生成马赛克效果的处理，并显示处理后的结果。

4）启动 PyCharm，建立一个工程 project4，编写代码，完成对彩色图像的增强处理，并显示处理后的结果。

5）在实践过程中，通过查阅文献解决实践中遇到的问题。

6）以上内容采用 OpenCV、skimage 或 PIL 编程实现。

4. 实践过程描述

描述实践过程及实践结果。

5. 实践总结

总结实践过程中的收获及体会。

6. 实践代码

列出实践代码。

7.2　相关概念与知识

1. 灰度化方法

RGB 彩色图像可以通过式（7-1）转换为有 256 个灰度等级的灰度图像：

$$\text{Gray}(i,j)=0.299R+0.587G+0.114B \tag{7-1}$$

2. 彩色图像的取反处理

有时为了突出彩色图像的某些细节特征，会对图像进行取反处理。具体地，用 255 分别减去当前像素的蓝、绿、红三个分量值，将得到的结果再作为该像素的蓝、绿、红三个分量值。

3. 彩色图像的马赛克处理

彩色图像的马赛克处理方法是将图像划分为若干小块，每块内的像素都取相同的颜色值，从而实现对某些细节的模糊化处理。

如果对于 3×3 的矩阵区域进行马赛克处理，假设原来的图像用 $f(x,y)$ 表示，处理后的图像用 $g(x,y)$ 表示，那么处理方法为：

$$g(x,y)=\frac{1}{9}\sum_{i=-1}^{1}\sum_{j=-1}^{1}f(x+i,y+j) \tag{7-2}$$

$$g(x+m,y+n)=g(x,y)\quad(-1\leqslant m\leqslant1,-1\leqslant n\leqslant1) \tag{7-3}$$

4. 彩色图像的浮雕处理

浮雕处理是指将图像中颜色变化的部分突出，相同颜色的部分则被淡化，使图像出现深度效果。具体处理方法如下所示：

$$g(x,y)=f(i,j)-f(i-1,j)+\text{常量} \tag{7-4}$$

7.3　实践过程的引导与讨论

在本次实践中，主要完成彩色图像的处理功能。在完成实践内容的同时，建议对不同色彩空间有深入的认识。例如，在打开图像时，可以进行不同色彩空间的转换处理。在进行彩色图像处理时，思考以下问题。

1）不同软件包对图像灰度化处理的方法有所不同，例如：

```
import cv2
img = cv2.imread('test.png', 1)
cv2.imshow('img', img)
img_shape = img.shape  # 图像大小
print(img_shape)
h = img_shape[0]
w = img_shape[1]
gray = cv2.cvtColor(img, cv2.COLOR_BGR2GRAY) # 彩色图像转换为灰度图像
print(gray.shape)
dst = 255 - gray
cv2.imshow('dst', dst)
cv2.waitKey(0)
```

这里做取反处理时应该注意，对于非归一化的图像来说，是255减去强度值。对于彩色图像，三个通道均需要进行取反处理。

2）在处理马赛克特效时，注意窗口尺度参数的影响。设置不同的窗口尺度参数，然后进行比较、分析，就可以得到窗口尺度参数对特效结果的影响。

3）在进行浮雕效果处理时，应该注意，做差运算时，要防止结果小于0的异常情况，并且注意浮雕的灰度背景的选取方法。这些在实践过程中都需要认真思考，以提高实践的质量。

4）对于彩色图像处理，可以在实践中研究彩色图像的去噪功能、模糊彩色图像的增强功能等。

7.4 实践问题思考

在实践过程中，可以思考以下问题：

1）在处理彩色图像时，什么情况下需要做不同色彩空间的转换？

2）在进行彩色图像的浮雕特效处理时，怎样改变浮雕背景的颜色？

3）在进行马赛克特效处理时，窗口尺度越大，马赛克效果越好吗？为什么？

4）在进行彩色图像处理时，各通道的处理应该注意哪些问题？

第 8 章　数学形态学图像处理实践

8.1　实践：数学形态学图像处理

1. 实践目的

1）熟悉 skimage、OpenCV 及 PIL 的编程方法，提高软件编程能力。

2）熟悉 Python 编程方法，提高编程的基本能力。

3）熟悉 PyCharm 环境的使用方法。

4）掌握数学形态学图像处理的方法。

5）学会编程实现图像的数学形态学处理方法，实现图像的膨胀、腐蚀、边缘提取、孔洞填充、骨架提取等。

6）掌握利用网络资源查阅文献、解决实践问题的技能。

2. 软件环境

1）操作系统为 Windows 10 或者 Linux。

2）Anaconda 3.x、PyCharm 2018.x 或以上、Python 3.5 或以上、skimage、sklearn、Matplotlib 3.3.1、SciPy 1.5.2、NumPy 1.19.1、OpenCV 4.1、Pillow 7.2.0。

3. 实践内容

1）启动 PyCharm, 建立一个工程 project1，编写代码，采用数学形态学图像处理方法，实现图像的膨胀、腐蚀处理，并显示处理后的结果。

2）启动 PyCharm, 建立一个工程 project2，编写代码，采用数学形态学图像处理方法，实现提取图像的内边界和外边界的处理，并显示处理后的结果。

3）启动 PyCharm, 建立一个工程 project3，编写代码，对输入图像利用数学形态学方法分别检测出内边缘和外边缘，并显示检测的结果。

4）启动 PyCharm，建立一个工程 project4，编写代码，采用数学形态学图像处理方法，实现对图像进行孔洞填充、骨架提取处理的功能，并显示处理后的结果。

5）在实践过程中，通过查阅文献解决遇到的问题。

6）以上内容采用 OpenCV、skimage 或者 PIL 编程实现。

4. 实践过程描述

描述实践过程及实践结果。

5. 实践总结

总结实践过程中的收获及体会。

6. 实践代码

列出实践代码。

8.2 相关概念与知识

1. 数学形态学基本运算

假设集合 A（输入图像）被集合 B（结构元）腐蚀（Erosion），其定义为：

$$A\Theta B=\{a\,|\,(a+b)\in A,\ a\in A,b\in B\} \tag{8-1}$$

假设集合 A（输入图像）被集合 B（结构元）膨胀（Dilation），其定义为：

$$A\oplus B=\{a+b\,|\,a\in A,\ b\in B\} \tag{8-2}$$

开运算是先腐蚀后膨胀的过程，闭运算是先膨胀后腐蚀的过程。已知集合 A（输入图像）和集合 B（结构元），则开运算的定义为：

$$A\circ B=(A\Theta B)\oplus B \tag{8-3}$$

闭运算的定义为：

$$A\cdot B=(A\oplus B)\,\Theta B \tag{8-4}$$

数学形态学在图像处理中主要用于边缘提取、孔洞填充、提取连通成分和骨架提取等处理。

2. 边缘提取

边缘提取的具体步骤如下：

1）设原图像为 A，结构元为 B。

2）A 在 B 的结构元作用下进行腐蚀，得到结果 C。

3）用原图像 A 减去 C，得到边缘 D 的结果。

边缘提取过程可以表示为：

$$\beta(A)=A-(A\Theta B) \tag{8-5}$$

3. 孔洞填充

利用数学形态学方法可以实现孔洞填充，具体方法如下：

1）求带孔图像 A 的补集，记为 A^c。

2）确定结构元 B。

3）在带孔边缘内部选择一个点，并将该点作为初始化的 X_0。

4）利用式（8-6）得到 X_k（$k=1,2,\cdots$）：

$$X_k=(X_{k-1}\oplus B)\bigcap A^c \tag{8-6}$$

5）判断 $X_k=X_{k-1}$ 是否成立，如果成立，转到下一步，否则转到步骤 4。

6）利用步骤 5 中得到的 X_k 和 A 求并集，得到最后的目标结果。

4. 骨架提取算法

为了描述骨架提取算法，定义 B 对 A 相继腐蚀 k 次的形式为：

$$A\Theta kB=(((A\Theta B)\Theta B)\cdots)\Theta B \tag{8-7}$$

假设集合 A 的骨架记为 $S(A)$，可用腐蚀和开运算来表示：

$$S(A)=\bigcup_{k=1}^{K}S_k(A) \tag{8-8}$$

其中：

$$S_k(A)=(A\Theta kB)-(A\Theta kB)\circ B \tag{8-9}$$

并且

$$K=\max\{k\,|\,(A\Theta kB)\neq\phi\} \tag{8-10}$$

即 K 是集合 A 被腐蚀为空集前的最大迭代次数。

于是，集合 A 的骨架可以利用式（8-11）求得：

$$S(A)=\bigcup_{k=1}^{K}[(A\Theta kB)-(A\Theta kB)\circ B] \tag{8-11}$$

8.3　实践过程的引导与讨论

在本次实践中，主要是利用数学形态学方法对图像进行处理，包括形态学的基本运算以及图像的边缘提取等功能。

在实践中应该注意以下几个问题。

1）数学形态学运算的结构元形状选取问题。因为结构元形状直接影响形态学运算的结果，因此，对于同一幅图像，可以设置不同的结构元进行运算，然后比较不同结构元的形状及尺度对运算结果的影响。

例如，在开运算中：

```
from skimage import io
import skimage.morphology as sm
import matplotlib.pyplot as plt

img = io.imread("test.jpg", as_gray=True)
dst1=sm.erosion(img,sm.square(5))    # 用边长为 5 正方形滤波器进行膨胀滤波
dst2=sm.erosion(img,sm.square(25))   # 用边长为 25 正方形滤波器膨胀滤波

plt.figure('morphology',figsize=(8,8))
plt.subplot(131)
plt.title('origin image')
plt.imshow(img,plt.cm.gray)
plt.subplot(132)
plt.title('morphological image')
plt.imshow(dst1,plt.cm.gray)
plt.subplot(133)
plt.title('morphological image')
plt.imshow(dst2,plt.cm.gray)
plt.show()
```

在函数 dst1=sm.erosion(img,sm.square(5)) 中，5 表示结构元的尺度，那么怎样改变结构元的形状呢？这需要在实践过程中加以思考。

2）结构元尺度对边界提取的影响。在实践过程中，设置不同尺度的结构元，然后分别提取内边界和外边界，分析、说明结构元尺度变大对边界提取有什么影响？请对比结果后加以说明。

8.4 实践问题思考

在实践过程中，可以思考以下问题：

1）在对图像进行膨胀、腐蚀处理时，结构元选取重要吗？请加以说明。

2）在提取图像边界时，结构元对提取的边界结果有什么影响？

3）对于不同的孔洞问题，数学形态学方法都非常有效吗？请在实践过程中加以思考并说明。

第 9 章　图像压缩与编码技术实践

9.1　实践：图像压缩与编码技术

1. 实践目的

1）熟悉 skimage、OpenCV 及 PIL 的编程方法，提高软件编程能力。

2）熟悉 Python 编程方法，提高编程的基本能力。

3）熟悉 PyCharm 环境的使用方法。

4）掌握图像的压缩处理方法。

5）学会编程实现对图像进行压缩处理。

6）掌握利用网络资源查阅文献、解决实践问题的技能。

2. 软件环境

1）操作系统为 Windows 10 或者 Linux。

2）Anaconda 3.x、PyCharm 2018.x 或以上、Python 3.5 或以上、skimage、sklearn、Matplotlib 3.3.1、SciPy 1.5.2、NumPy 1.19.1、OpenCV 4.1、Pillow 7.2.0。

3. 实践内容

1）启动 PyCharm，建立一个工程 project1，编写代码，对于输入的一幅图像进行压缩处理，并输出处理结果。

2）启动 PyCharm，建立一个工程 project2，编写代码，对于输入的一幅图像采用不同的方法进行压缩处理，并显示不同方法的结果。

3）在实践过程中，通过查阅文献解决遇到的问题。

4）以上内容分别采用 OpenCV、skimage 和 PIL 编程实现。

4. 实践过程描述

描述实践过程及实践结果。

5. 实践总结

总结实践过程中的收获及体会。

6. 实践代码

列出实践代码。

9.2 相关概念与知识

1. 编码与解码

图像和视频信号的压缩和解压缩称为编码和解码。下面介绍相关概念。

- 编码。编码是指将语音、图像或视频等模拟信号转换成数字信号的过程。例如，将字符 A 转换成 ASCII 码 65，其对应的二进制编码为 01000001。
- 解码。解码是将数字信号转换成模拟信号的过程。例如，对于编码 0101 1010 0100 0101 0101 0010 0100 1111，将编码拆成 8 位一段，根据 ASCII 码依次还原成原字符，即为 ZERO。解码相当于编码的逆过程。

2. 有损压缩与无损压缩

- 无损压缩。无损压缩（信息保持型压缩）也称为无失真或可逆型编码。这种方法在压缩、解压过程中无信息损失，主要用于图像存档和认证签名。无损压缩的特点是信息无失真，但压缩比有限，一般只有 2:1 到 4:1。
- 有损压缩。有损压缩也称为信息损失型压缩，这种方法是通过牺牲部分信息来获取高压缩比的。其特点是通过忽略视觉不敏感的次要信息来提高压缩比，如常见的 JPEG 图像格式就是利用了有损压缩。

3. 性能指标

图像压缩的性能经常利用平均编码长度和冗余度等指标来衡量。为了计算这些性能指标，需要计算信息量和熵的结果。因此，需要熟悉以下性能指标和计算方法：

- 信息量
- 熵
- 平均编码长度
- 冗余度
- 编码效率
- 压缩比

9.3 实践过程的引导与讨论

在本实践中，主要是分析编码的作用，请分析思考以下问题：

1）相同图像不同编码的实践。在实践过程中，为了对不同编码方法进行比较，可以在设置相同图像内容的情况下，采用不同的编码方法进行实践，并分析不同编码方法的差别。

2）相同算法不同图像编码后的性能分析。在实践过程中，对于不同的图像采用相同的编码方法进行实践，然后分析同一编码方法对不同图像编码的性能。

9.4　实践问题思考

在实践过程中，可以思考以下问题：

1）相同图像在不同编码的情况下，编码性能有差异吗？请分析原因。

2）相同算法对不同图像编码的性能差异大吗？请分析原因。

第 10 章　图像分割实践

10.1　实践：图像分割

1. 实践目的

1）熟悉 skimage、OpenCV 及 PIL 的编程方法，提高软件编程能力。

2）熟悉 Python 编程方法，提高编程的基本能力。

3）熟悉 PyCharm 环境的使用方法。

4）掌握图像的基本运算的实现方法。

5）学会编程实现对图像进行分割处理。

6）掌握利用网络资源查阅文献、解决实践问题的技能。

2. 软件环境

1）操作系统为 Windows 10 或者 Linux。

2）Anaconda 3.x、PyCharm 2018.x 或以上、Python 3.5 或以上、skimage、sklearn、Matplotlib 3.3.1、SciPy 1.5.2、NumPy 1.19.1、OpenCV 4.1、Pillow 7.2.0。

3. 实践内容

1）启动 PyCharm, 建立一个工程 project1，编写代码，采用均值迭代方法计算阈值，完成对输入图像的分割，并显示分割后的结果。

2）启动 PyCharm, 建立一个工程 project2，编写代码，采用最大类间方差的方法求取阈值，完成对输入图像的分割，并显示分割后的结果。

3）启动 PyCharm, 建立一个工程 project3，编写代码，采用区域生长方法对图像进行区域分割，并显示分割后的结果。

4）在实践过程中，通过查阅文献解决遇到的问题。

5）以上内容采用 OpenCV、skimage 或 PIL 相结合的编程实现。

4. 实践过程描述

描述实践过程及实践结果。

5. 实践总结

总结实践过程中的收获及体会。

6. 实践代码

列出实践代码。

10.2 相关概念与知识

图像分割的目的是把图像空间按照一定的要求分解成部件和对象，使人们将视线的焦点集中在感兴趣对象上。

阈值分割法的基本思想是利用图像中要提取的目标区域与背景在灰度特性上的差异，把图像看作具有不同灰度级的两类区域（目标和背景）的组合，通过选取一个比较合理的阈值，把像素划分为两类——前景或背景。这种方法适用于目标与背景灰度有较强对比的情况，并且背景或物体的灰度应比较单一。阈值分割法主要包括两个步骤：

1）确定合适的阈值。

2）将图像中的每个像素分别与该阈值比较，从而将像素分为几个不同的区域。

1. 均值迭代阈值分割法

均值迭代阈值分割法的步骤为：

1）选择一个初始化的阈值 T，通常取灰度值的平均值。

2）使用阈值 T 将图像的像素分为两部分：G_1 包含的灰度大于 T，G_2 包含的灰度小于 T。

3）计算 G_1 中所有像素的均值 μ_1，以及 G_2 中所有像素的均值 μ_2。

4）利用式（10-1）计算新的阈值：

$$T = \frac{\mu_1 + \mu_2}{2} \tag{10-1}$$

5）重复步骤 2 ～ 4，不断迭代，直到相邻两次计算的结果小于一个预先确定的值 $T_{\text{threshold}}$。

6）用最后一次迭代得到的 T 作为最后的阈值进行分割。

2. 最大类间方差分割法

最大类间方差分割法的实现方法是使 k 从 0 到 $L-1$ 对应求取一个 $\sigma_B^2(k)$，具有最大 $\sigma_B^2(k)$ 的 k 即是最佳阈值 k^*。实现步骤如下：

1）对已知图像计算归一化的直方图，将其直方图成分记为 p_i，$i=0,1,2,\cdots,L-1$。

2）利用 p_i 计算累计直方图 $P_i(k)$，$i=1,2$，$k=0,1,2,\cdots,L-1$。

3）计算累计的均值 m_i，$i=1,2$。

4）计算整体的均值为 $m_G = P_1 m_1 + P_2 m_2$。

5）计算类间方差 σ_B^2。

6）求取 $k^* = \arg\max_k \sigma_B^2$。

7）利用阈值 k^* 对图像进行分割。

3. 区域生长算法

区域生长算法一般利用堆栈来实现，算法步骤如下：

1）顺序扫描图像，找到第 1 个还没有归属的像素 (x_0, y_0)。

2）以 (x_0, y_0) 为中心，考虑 (x_0, y_0) 的 4 邻域（或 8 邻域）像素 (x, y)，如果 (x, y) 满足生长准则，将 (x, y) 与 (x_0, y_0) 合并在同一区域内，同时将 (x, y) 入栈。

3）从堆栈中取出一个像素，把它当作 (x_0, y_0) 返回步骤 2。

4）当堆栈为空时，返回步骤 1。

5）重复步骤 1 ～ 4，直到图像中的每个点都有归属时，生长结束。

10.3 实践过程的引导与讨论

在本实践中，主要完成图像的分割处理功能，实现均值迭代分割策略、最大类间方差的方法求取阈值的分割策略和区域生长分割方法。

在实践中应该注重以下几个方面的实践探索。

1. 均值迭代分割中，阈值误差对分割结果的影响

在实践中，将阈值误差设置为不同值，然后进行实践，分析不同阈值误差对分割结果的影响。例如，在下面的迭代求取阈值过程中，可以设置不同的阈值误差。

```
import numpy as np
from skimage import io
import matplotlib.pyplot as plt

img = io.imread("test.png", as_gray=True)
result = np.zeros(img.shape)
t = np.mean(img)
d = t
e = 0.1

while d >= e:
    count_1 = 0
    total_1 = 0
    count_2 = 0
    total_2 = 0
    for i in range(img.shape[0]):
        for j in range(img.shape[1]):
            if img[i][j] > t:
                total_1 += img[i][j]
                count_1 += 1
                result[i][j] = 1
```

```
            else:
                result[i][j] = 0
                total_2 += img[i][j]
                count_2 += 1
    d = abs(t - ((total_1 / count_1) + (total_2 / count_2)))/ 2
    t = ((total_1 / count_1) + (total_2 / count_2)) / 2

plt.imshow(result, cmap = 'gray')
plt.show()
```

2. 在区域生长的分割实验中，4 邻域和 8 邻域生长的区别

在实践中，分别设置 4 邻域和 8 邻域的生长条件，然后对分割结果进行比较。

10.4　实践问题思考

在实践过程中，可以思考以下问题：

1）使用 4 邻域和 8 邻域生长得到的分割区域有什么区别？

2）在均值迭代分割中，阈值误差越大，分割结果越精确吗？为什么？

3）在最大类间方差方法实践中，应该注意的问题是什么？它对各类图像都有效吗？

4）如果针对彩色图像进行分割，你能给出有效的方法吗？

第 11 章　智能图像处理基础知识

11.1　实践：智能图像处理基础

1. 实践目的

1）熟悉 skimage、OpenCV 及 PIL 的编程方法，提高软件编程能力。

2）熟悉 TensorFlow 或者 PyTorch 深度学习软件框架的安装、环境构建及使用方法；熟悉 Python 编程方法，提高编程的基本能力。

3）熟悉 PyCharm 环境的使用方法。

4）掌握智能图像处理的程序结构和代码编写方法。

5）掌握智能图像处理的程序训练及调试方法。

6）掌握利用网络资源查阅文献、解决实践问题的技能。

2. 软件环境

1）操作系统为 Windows 10 或者 Linux。

2）Anaconda 3.x、PyCharm 2018.x 或以上、Python 3.5 或以上、skimage、sklearn、Matplotlib 3.3.1、SciPy 1.5.2、NumPy 1.19.1、OpenCV 4.1、Pillow 7.2.0、TensorFlow 1.14 或者 PyTorch 1.7。

3. 实践内容

1）安装 TensorFlow 1.14 或者 PyTorch 1.7。

2）启动 PyCharm，打开 TensorFlow 或者 PyTorch 示例代码，剖析代码结构。

3）利用示例代码，配置实践虚拟环境，分析模型训练的过程，然后进行训练并预测结果。

4）利用示例代码，在训练过程中采用动态跟踪方法，对代码动态训练过程进行跟踪，记录跟踪及调试的步骤。

5）在实践过程中，通过查阅文献解决遇到的问题。

6）以上内容分别采用 TensorFlow 1.14 或者 PyTorch 1.7 编程实现。

4. 实践过程描述

描述实践过程、训练过程、调试过程及预测的结果。

5. 实践总结

总结实践过程中的收获及体会。

6. 实践代码

列出实践代码。

11.2　相关概念与知识

1. 深度学习知识基础

常用的神经网络有三种结构：前馈网络、反馈网络和图网络。

在前馈网络中，各神经元分层排列，拓扑结构简单，每一层中的神经元接收前一层神经元的输出，并输出到下一层，没有反向的信息传播。前馈网络有全连接类型和卷积类型之分。在前馈网络中，各层间没有反馈。前馈网络包括单层感知器、线性神经网络、BP 神经网络、RBF 神经网络等。

反馈网络可以接收自己或者其他神经元的信号，其神经元具有记忆不同的时刻状态的功能，其网络中的信息可以双向传递。

递归神经网络包括两种人工神经网络。一种是时间递归神经网络，又名循环神经网络，包括 RNN、LSTM、GRU 等；另一种是结构递归神经网络。

在基于深度学习的图像分割技术的发展过程中，早期出现的主要方法为 AlexNet 和 FCN。在 AlexNet 方法中，网络中末尾三层设计为全连接结构，最后特征回归为类别的概率，因此，该方法适用于图像的分类。对于 FCN 方法，由于卷积运算后对低分辨率的特征进行上采样，致使分类结果不够精细，因此对像素级类别的回归精度有待提高。

随着技术的发展，后来提出了两种常见的编码 – 解码的分割技术：编码器 – 解码器结构和空洞卷积分割的网络结构。

2015 年提出了 U-Net 分割方法，如图 11-1 所示。

在网络的设计中，每个卷积单元中都带有池化层，能够产生逐渐降低的特征尺度。在解码器中，用反卷积逐层将特征尺度不断恢复到较大分辨率的尺度。在设计中，编码器与解码器之间采用跨层连接，以获取更为精细的特征。

2. 卷积神经网络中的卷积运算及特征

卷积神经网络用于对图像进行特征学习，一般由若干个卷积层（或者卷积单元）构成。如图 11-2 所示，卷积神经网络由两个卷积层及全连接层构成，我们也可以将该卷积神经网络看作由两个卷积单元组成，每个卷积单元由卷积运算和池化层组成，两个卷积单元输出的特征输入全连接层进行处理。

对于卷积层来说，其基本运算是卷积运算。卷积核有一定尺度，如图 11-3 所示。在一次卷积运算中，如果有一个卷积核（也称滤波器）经过卷积运算后得到一张特征图，那么如果利用多个卷积核（例如6个卷积核），运算后会得到6张特征图，如图11-4所示，这时将其称为6个通道的特征。

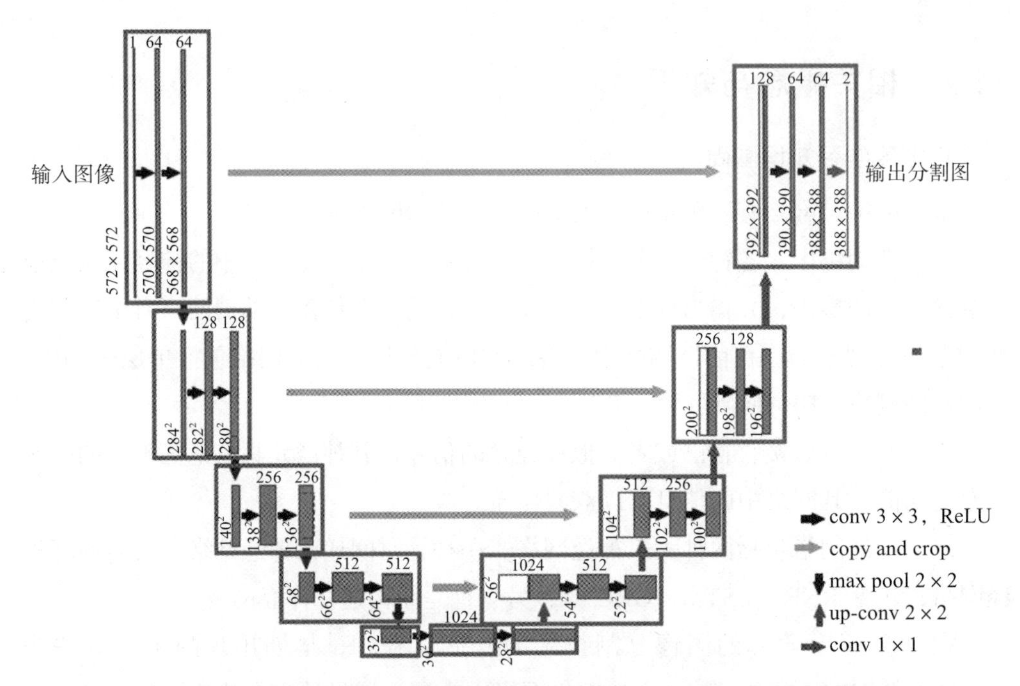

图11-1 U-Net网络结构（资料来源：U-Net: Convolutional Networks for Biomedical Image Segmentation，作者Olaf Ronneberger等，2015年）

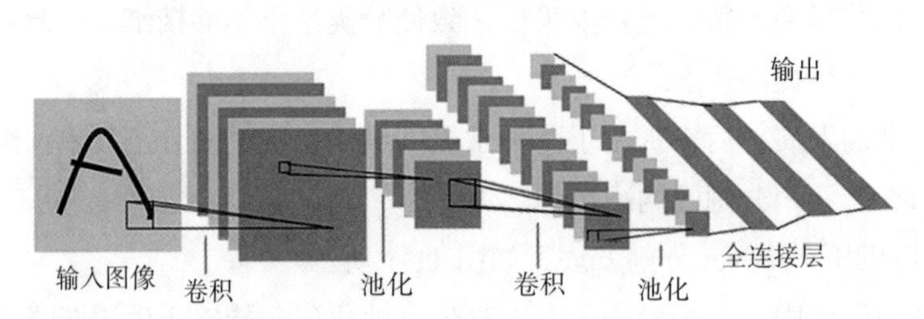

图11-2 卷积神经网络（资料来源：Gradient-based Learning Applied to Document Recognition，作者Lecun Yan等，1998年）

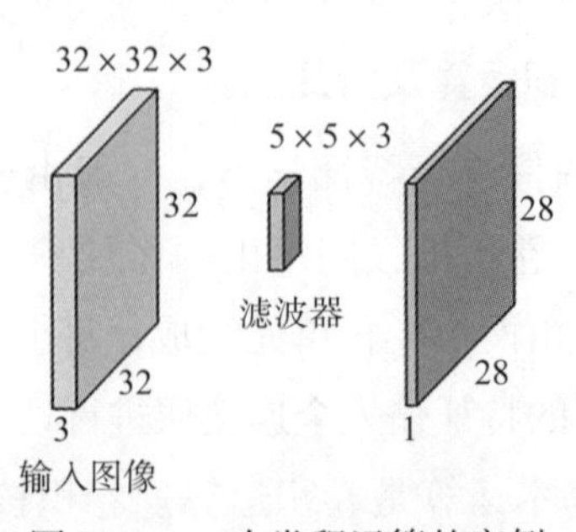

图11-3 一次卷积运算的实例

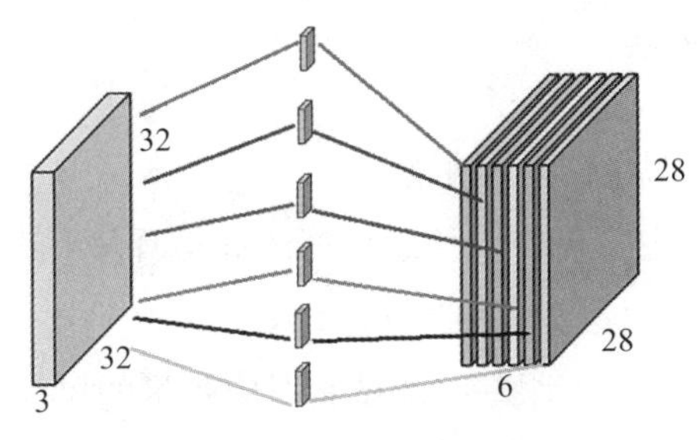

图 11-4　6 个卷积核的实例

对于输入的图像，可以进行多层的卷积处理。在低层级卷积过程中得到的特征称为低层特征（也称为低级特征），在中层级的卷积处理中得到的特征称为中层特征（也称为中级特征），在高层级的卷积处理中得到的特征称为高层特征（也称为高级特征）。例如，在 VGG 16 的网络中，不同层级的特征如图 11-5 所示。它们分别为第 1 卷积单元的第 1 次卷积运算时得到的低级特征、第 3 卷积单元的第 2 次卷积运算时得到的低级特征以及第 5 卷积单元的第 3 次卷积运算时得到的低级特征。从这些特征可以明显看出，低级特征能体现出细节，而高层特征主要表现为轮廓形状。

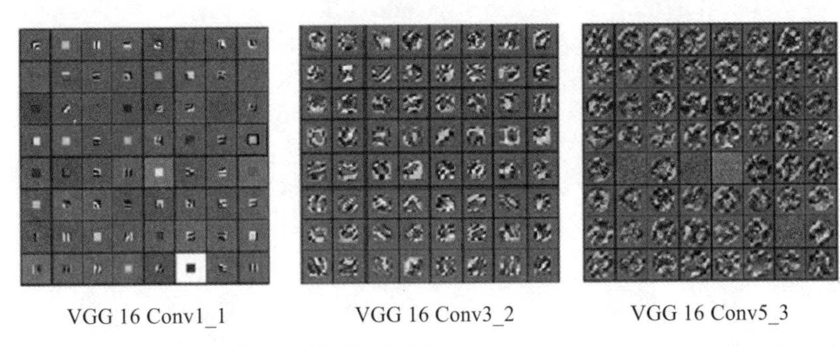

图 11-5　VGG 16 的卷积特征实例（资料来源：Visualizing and Understanding Convolution Networks，作者 Matthew D. Zeiler 等，2013 年）

11.3　实践过程的引导与讨论

在本实践中，主要分析智能图像处理的代码，熟悉代码的框架结构。在实践过程中请分析、思考以下问题。

1）研究如何设置虚拟环境。在实践过程中，对代码进行分析并准备数据集，对代码模型进行训练。设置实践的虚拟环境，然后对代码进行训练。

2）研究批尺度对模型训练的影响。在实践过程中，设置不同的批尺度，然后分析它对模型收敛的影响。

3）分析图像的特征。在实践过程中，动态跟踪示例代码时，对特征的尺度及内容进行分析，有利于对深度学习的深入理解。

11.4 实践问题思考

在实践过程中，可以思考以下问题：

1）如果软件条件发生变化，应该怎样修改虚拟环境？

2）批尺度较大时，对模型训练收敛有利吗？

3）对于特征，你能在动态跟踪时测试其对应张量的尺度并进行可视化显示吗？

第 12 章　智能图像增强处理实践

12.1　实践：智能图像增强处理

1. 实践目的

1）熟悉 skimage、OpenCV 及 PIL 的编程方法，提高软件编程能力。

2）熟悉 TensorFlow 或者 PyTorch 深度学习软件框架的使用方法；熟悉 Python 编程方法，提高编程的基本能力。

3）熟悉 PyCharm 环境的使用方法。

4）掌握智能图像增强处理的方法。

5）学会编程实现智能图像增强程序的训练及调试方法。

6）掌握利用网络资源查阅文献、解决实践问题的技能。

2. 软件环境

1）操作系统为 Windows 10 或者 Linux。

2）Anaconda 3.x、PyCharm 2018.x 或以上、Python 3.5 或以上、skimage、sklearn、Matplotlib 3.3.1、SciPy 1.5.2、NumPy 1.19.1、OpenCV 4.1、Pillow 7.2.0、TensorFlow 1.14 或者 PyTorch 1.7。

3. 实践内容

1）启动 PyCharm，剖析 TensorFlow 或者 PyTorch 示例代码，说明现有智能图像增强算法的原理和思路。

2）在剖析现有图像增强算法的基础上，构建神经网络，实现智能图像的增强处理功能。

3）对所设计的智能图像增强处理算法进行训练和调试，然后进行预测，显示预测的结果。

4）在上面的程序调试过程中，对代码动态训练过程采用跟踪方法，记录跟踪及调试的过程。

5）在实践过程中，通过查阅文献解决遇到的问题。

6）以上内容可以结合 OpenCV、skimage 或者 PIL 编程实现。

4. 实践过程描述

描述实践过程、训练过程、调试过程及预测的结果。

5. 实践总结

总结实践过程中的收获及体会。

6. 实践代码

列出实践代码。

12.2 相关概念与知识

近些年，随着人工智能技术的迅猛发展，基于深度学习的图像增强技术的研究也出现了飞跃，涌现出一系列算法。

1. 自动编码器

自动编码器（Auto-Encoder，AE）的主要思路是通过神经网络的编码，对高维复杂数据进行处理，得到低维度的表达。AE 采用神经网络设计、表达，利用无监督学习，从而实现编码表达。

AE 的主要思想是：设计一个神经网络，假设输入一幅图像到网络中，网络的输出与输入是相同的，那么该网络结构及通过训练调整得到的参数就可以作为输入图像的一种表达，也称为编码。其中，编码器的每一层代表图像的一个特征。

AE 由编码器函数 $h = f(x)$ 和生成重构的解码器 $r = g(h)$ 组成，如图 12-1 所示。

- 编码器函数 $h = f(x)$ 用于图像的编码，输入图像 x，输出低维空间编码 h。
- 解码器 $r = g(h)$ 用于图像的重构，输入低维空间编码 h，输出重构图像 r。

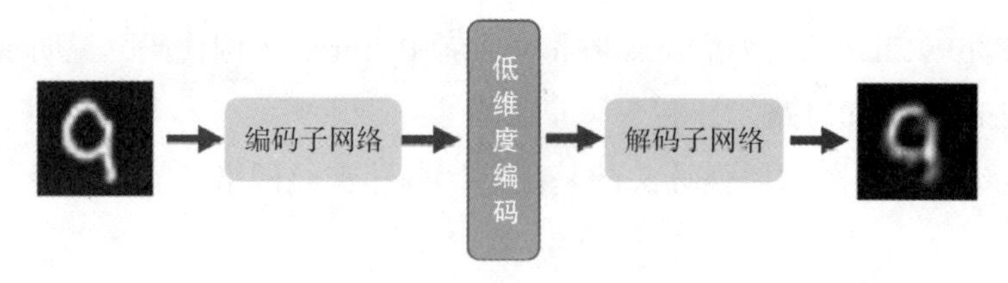

图 12-1　编码－解码实例

2. 稀疏自动编码器

由于编码降维的需要，自动编码器的维度应该与输入维度相当，因此有必要在隐藏层采用稀疏性降维的措施，以便在获取维度满足要求的前提下，得到稀疏的编码结果。

设计时，稀疏自动编码器采用一层隐藏层的神经网络，使得输出等于输入，自动编码器输出层的节点数与输入层相等。隐藏层激活函数采用的是 sigmoid，如果隐藏层的 sigmoid 函数的输出结果为 1，意味着当前节点处于活跃状态。如果某些节点处的 sigmoid 函数的输出结果为 0，意味着当前节点处于不活跃状态，该节点被屏蔽。稀疏自动编码器对隐藏层的激活输出进行正则化处理，同一时间只有部分隐藏层神经元是活跃的，这样就达到了稀疏编码的目的。

3. 降噪自动编码器

降噪自动编码器采用无监督学习，通过对原始数据输入神经元，进行人为随机损坏（加噪声），利用编码 – 解码的策略得到图像修复的编码规律。具体地，对输入图像数据加噪声之后，将其输入到编码器，然后通过重构编码网络，对图像进行重构，从而恢复没有噪声的原始图像。

12.3　实践过程的引导与讨论

在本实践中，主要用智能技术对图像进行增强处理。在实践过程中，需要注意以下问题：

1）研究数据集的影响。进行智能图像增强处理时，数据集很重要。在实践中可以设置不同的数据集，以便研究数据集对模型质量的影响。

2）研究网络拓扑结构的影响。通过分析不同的案例，可以设计不同的网络拓扑结构，研究不同的编码方案对图像增强结果的影响。

3）研究批尺度对模型训练的影响。在实践过程中，可以设置不同的批尺度，分析它们对模型收敛的影响。

4）设计有效的深度学习模型。深度学习模型非常关键，在实践过程中，可以参照样例程序，设计有效的新算法模型，充分利用多尺度的策略，实现有效的增强效果。

12.4　实践问题思考

在实践过程中，可以思考以下问题：

1）当数据集规模较大时，对网络模型收敛有什么影响？

2）网络拓扑结构对于图像增强有什么影响？

3）批尺度较大时，对模型训练收敛有利吗？

4）你是否可以设计有效的深度学习模型，实现图像的增强处理？你设计的算法的创新性体现在哪里？

第 13 章　智能图像语义分割实践

13.1　实践：智能图像语义分割

1. 实践目的

1）熟悉 skimage、OpenCV 及 PIL 的编程方法，提高软件编程能力。

2）熟悉 TensorFlow 或者 PyTorch 深度学习软件框架的使用方法；熟悉 Python 编程方法，提高编程的基本能力。

3）熟悉 PyCharm 环境的使用方法。

4）掌握智能图像语义分割处理的方法。

5）学会编程实现智能图像语义分割，以及程序的训练及调试方法。

6）掌握利用网络资源查阅文献、解决实践问题的技能。

2. 软件环境

1）操作系统为 Windows 10 或者 Linux。

2）Anaconda 3.x、PyCharm 2018.x 或以上、Python 3.5 或以上、skimage、sklearn、Matplotlib 3.3.1、SciPy 1.5.2、NumPy 1.19.1、OpenCV 4.1、Pillow 7.2.0、TensorFlow 1.14 或者 PyTorch 1.7。

3. 实践内容

1）启动 PyCharm，剖析 TensorFlow 或者 PyTorch 示例代码，说明现有图像语义分割算法的原理和思路。

2）在剖析现有图像语义分割算法的基础上，构建神经网络，实现智能语义分割处理功能。

3）对所设计的智能图像语义分割算法进行训练和调试，再进行预测，显示预测的结果。

4）在上面的程序调试过程中，对代码动态训练过程采用跟踪方法，记录跟踪及调试的过程。

5）在实践过程中，通过查阅文献解决遇到的问题。

6）以上内容可以结合 OpenCV、skimage 和 PIL 编程实现。

4. 实践过程描述

描述实践过程、训练过程、调试过程及预测的结果。

5. 实践总结

总结实践过程中的收获及体会。

6. 实践代码

列出实践代码。

13.2　相关概念与知识

近些年，随着技术的不断进步，出现了一系列图像语义分割算法。

2012 年，Krizhevsky A. 等在研究中提出 AlexNet，用于实现图像的分类。在该项研究中，FCN 网络设计借鉴了 AlexNet 网络的编码设计思想，同时避免了 AlexNet 网络的全连接结构中对输入图像固定尺寸的约束问题，因此，可以对任意尺度图像进行分割处理。

FCN 的设计原理如图 13-1 所示。原图像经过一个卷积单元处理（conv1+pool1）后，进行下采样，得到尺度缩为原来 1/2 的特征；经过第 2 个卷积单元处理（conv2+pool2）后，特征变为原来图像尺度的 1/4；经过第 3 个卷积单元处理（conv3+pool3）后，特征变为原来图像尺度的 1/8。此时，将特征映像（Feature Map，FM）取出，用于跨层连接。经过第 4 个卷积单元处理（conv4+pool4）后，特征变为原来图像尺度的 1/16，此时，将特征映像取出，用于跨层连接。最后，经过第 5 个卷积单元处理（conv5+pool5）后，特征缩小到原图像尺度的 1/32。

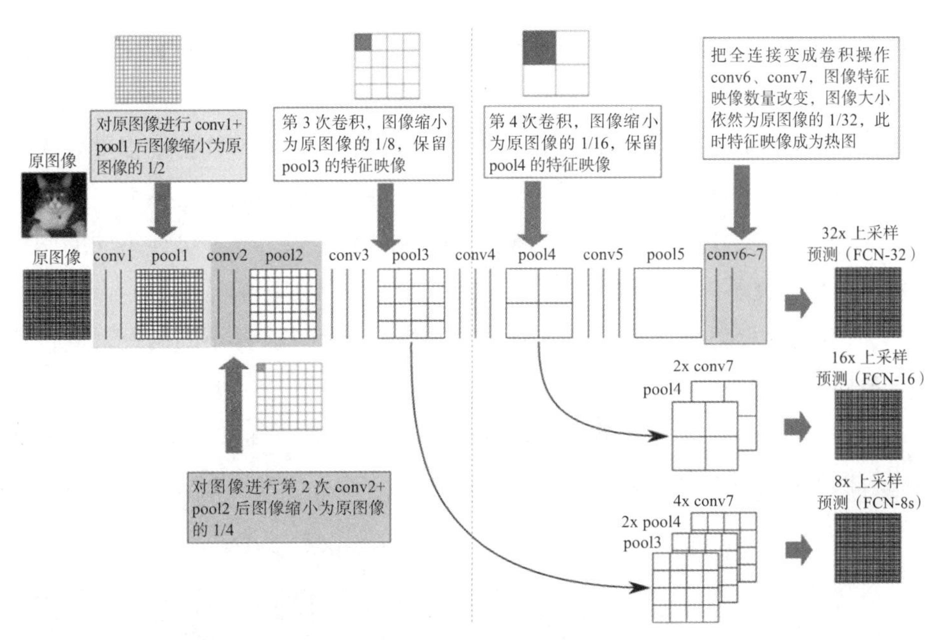

图 13-1　FCN 网络的设计原理（资料来源：Fully Convolutional Networks for Semantic Segmentation，作者 Onathan Long 等，2014 年）

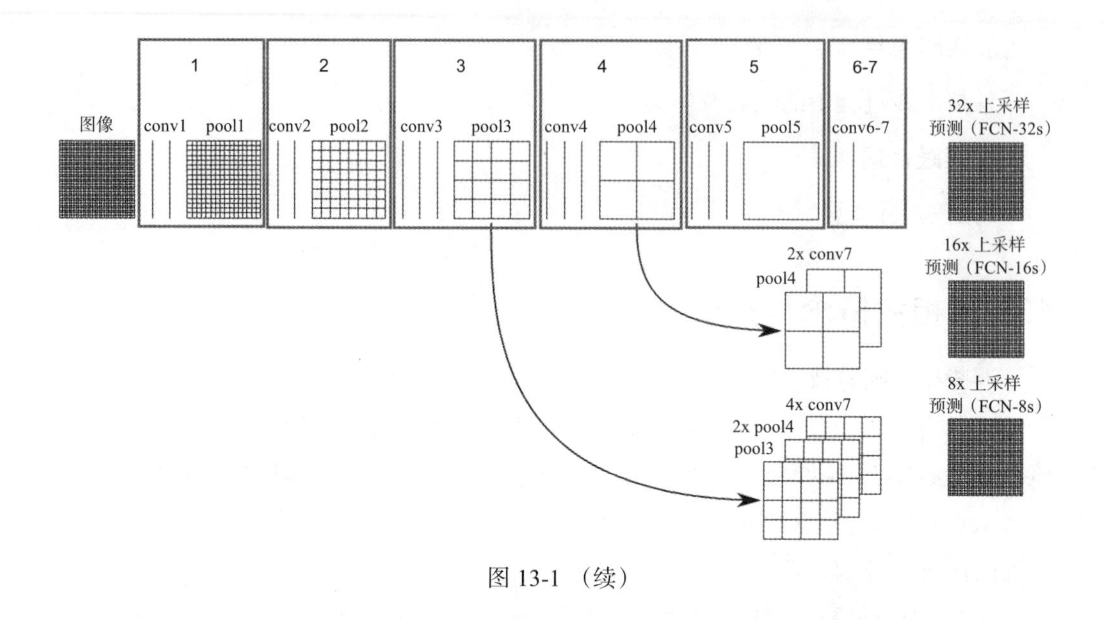

图 13-1 （续）

随着技术的发展，又出现了两种常见的编码－解码的分割技术：编码器－解码器结构和空洞卷积分割的网络结构。Vijay Badrinarayanan 等人于 2016 年提出了 SegNet 结构的图像分割算法。Fisher Yu 等研究人员提出了多尺度的有效分割策略。

13.3 实践过程的引导与讨论

在本实践中，主要是用智能技术实现图像语义分割。在实践过程中，需要注意以下问题：

1）研究数据集的影响。进行智能图像语义分割处理时，数据集很重要。在实践中可以设置不同的数据，以便研究数据集对模型质量的影响。

2）研究网络拓扑结构的影响。通过分析不同的案例，或者设计不同的网络拓扑结构，可以研究不同的编码方案对图像语义分割结果的影响。

3）研究批尺度对模型训练的影响。在实践中，可以设置不同的批尺度，然后分析它对模型收敛的影响。

4）研究损失函数设置的影响。在实践中，可以设置不同的损失函数，对比不同损失对模型性能优化的影响。

13.4　实践问题思考

在实践过程中，可以思考以下问题：

1）当数据集规模较大时，对网络模型收敛有什么影响？

2）网络拓扑结构对于图像语义分割有什么影响？

3）批尺度较大时，对模型训练收敛有利吗？

4）不同损失函数的定义对模型训练结果有什么影响？

第 14 章　智能图像彩色化实践

14.1　实践：智能图像彩色化

1. 实践目的

1）熟悉 skimage、OpenCV 及 PIL 的编程方法，提高软件编程能力。

2）熟悉 TensorFlow 或者 PyTorch 深度学习软件框架的使用方法；熟悉 Python 编程方法，提高编程的基本能力。

3）熟悉 PyCharm 环境的使用方法。

4）掌握智能图像彩色化处理的方法。

5）学会编程实现智能图像彩色化处理，以及程序的训练及调试方法。

6）掌握利用网络资源查阅文献、解决实践问题的技能。

2. 软件环境

1）操作系统为 Windows 10 或者 Linux。

2）Anaconda 3.x、PyCharm 2018.x 或以上、Python 3.5 或以上、skimage、sklearn、Matplotlib 3.3.1、SciPy 1.5.2、NumPy 1.19.1、OpenCV 4.1、Pillow 7.2.0、TensorFlow 1.14 或者 PyTorch 1.7。

3. 实践内容

1）启动 PyCharm，剖析 TensorFlow 或者 PyTorch 示例代码，说明现有智能图像彩色化处理算法的原理和思路。

2）在剖析现有智能图像彩色化处理算法的基础上，构建神经网络，实现智能图像彩色化处理功能。

3）对所设计的智能图像彩色化算法进行训练和调试，再进行预测，显示预测的结果。

4）在上面的程序调试过程中，对代码动态训练过程采用跟踪方法，记录跟踪及调试的过程。

5）在实践过程中，通过查阅文献解决遇到的问题。

6）以上内容可以结合 OpenCV、skimage 和 PIL 编程实现。

4. 实践过程描述

描述实践过程、训练过程、调试过程及预测的结果。

5. 实践总结

总结实践过程中的收获及体会。

6. 实践代码

列出实践代码。

14.2　相关概念与知识

近些年提出的基于深度学习的彩色化处理技术主要有全自动图像着色、无须用户进行交互的全自动彩色化方法和用户引导的策略。

在用户引导的上色中，需要用户在待上色的灰度图像中提供色彩的涂抹引导信息，引导过程耗时耗力；基于样本的彩色化主要是从用户提供的参考样例中，建立颜色和灰度的映射关系，然后利用学习到的特征对灰度图像进行彩色化处理，该方法无须用户提供复杂的交互信息，可以减轻交互的复杂性。

2015 年，Zezhou Cheng 等提出图像自动彩色化处理的方法，提出的基于深度学习的图像彩色化策略通过建立深度神经网络，逐层学习、分析图像的特征，得到了较为满意的彩色化处理结果。

使用该方法进行彩色化处理的两个主要步骤如下：

1）训练步骤：使用大规模图像数据集训练神经网络，得到学习的特征。

2）预测步骤：使用学习的神经网络对目标灰度图像进行彩色化着色。

算法的整体框架包括分割特征学习的初始化处理部分和双边滤波的后处理两个部分，如图 14-1 所示。首先，利用神经网络学习图像的灰度特征与彩色特征之间的对应关系，得到色度分量。然后，为了消除图像潜在的伪影成分，以原始灰度图像为引导，结合双边过滤技术对结果进行优化，得到更好的结果。

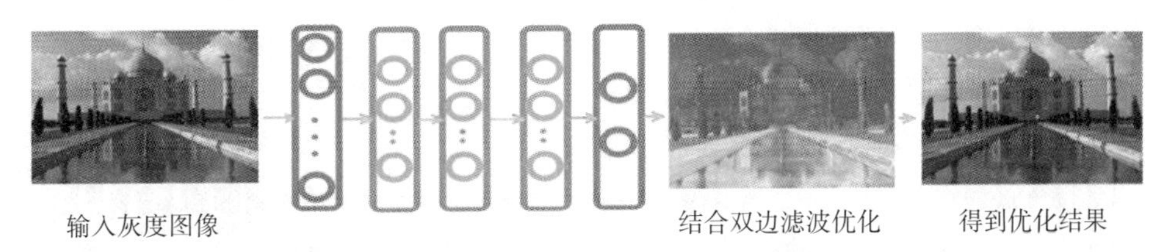

图 14-1　算法主要流程框架（资料来源：Deep Colorization，作者 Zezhou Cheng 等，2015 年）

2016 年，研究人员提出了一种基于 CNN 的图像彩色化方法。该方法的主要特点是：基于 CNN，克服了对用户交互的依赖，也解决了不饱和着色的问题，实现了自动图像着色，确保了颜色的多样性，可以产生生动的色彩，将图像着色任务转化为一个自监督表达学习的任务，取得了令人满意的结果。

该算法的主要设计思想为，采用 CIE Lab 颜色空间，建立 CNN 神经网络，如图 14-2 所示。将现有彩色图像的 L 通道作为网络的输入信息，网络输入的 L 通道张量的形状为 $\boldsymbol{X} \in R^{H\times W\times 1}$，并且使网络的输出对应色彩的 a 和 b 的分量，即输出张量的形状为 $\boldsymbol{Y} \in R^{H\times W\times 2}$，其中图像的分辨率为 $W \times H$。

卷积神经网络设计中采用编码器以及解码器结构，网络输出的是每个像素对应的 a 和 b 通道的概率分布，之后转换成 a 和 b 通道的具体值。

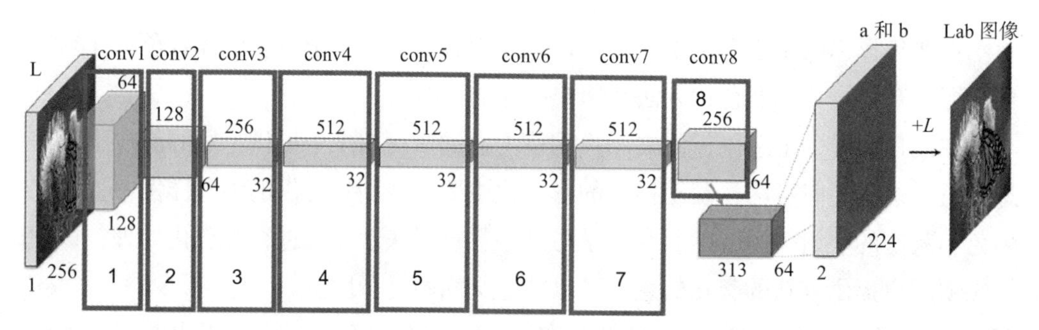

图 14-2　彩色化网络设计的框架（资料来源：Colorful Image Colorization，作者 Richard Zhang 等，2016 年）

2017 年，*ACM Transactions on Graphics* 发表了研究成果 Real-Time User-Guided Image Colorization with Learned Deep Priors。该方法从大量数据中学习，通过融合低级线索和高级语义传播用户引导的编辑。该方法无须大量手动输入，同时可以实时生成着色效果，为用户提供参考。为了引导用户进行有效的输入选择，系统会根据输入图像和目前用户的输入提供相应建议。该方法彩色化处理速度快，只需一分钟就可以快速对图片进行逼真的着色，大大提高色彩质量。研究中，采用 Lab 色彩空间开展工作，输入灰度图像张量的形状为 $\boldsymbol{X} \in R^{H\times W\times 1}$，如图 14-3 所示。

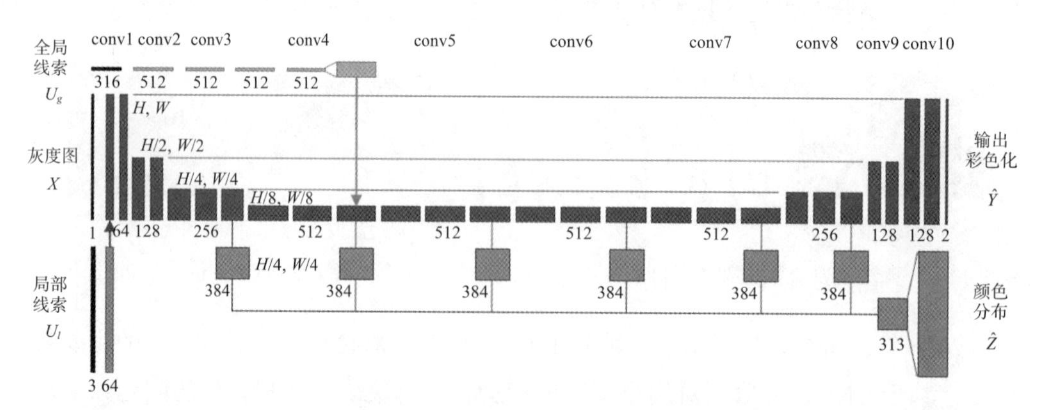

图 14-3　网络架构（资料来源：Real-Time User-Guided Image Colorization with Learned Deep Priors，作者 Richard Zhang 等，2017 年）

14.3　实践过程的引导与讨论

在本实践中，主要是用智能技术实现图像的彩色化。在实践中，需要注意以下问题：

1）研究数据集的影响。进行智能图像彩色化处理时，数据集很重要。可以设置不同的数据进行实践，以便研究数据集对模型质量的影响。

2）研究网络拓扑结构的影响。通过分析不同的案例，或者设计不同的网络拓扑结构，研究不同的编码方案对图像彩色化处理的影响。

3）研究批尺度对模型训练的影响。在实践中，设置不同的批尺度，然后分析它对模型收敛的影响。

4）研究色彩模型设置的影响。在实践中，设置不同的色彩模型，然后分析它对彩色化效果的影响。

14.4　实践问题思考

在实践过程中，可以思考以下问题：

1）当数据集规模较大时，对网络模型收敛有什么影响？

2）网络拓扑结构对于图像彩色化处理有什么影响？

3）批尺度较大时，对模型训练收敛有利吗？

4）利用不同色彩模型进行实践，其对结果有什么影响？

第 15 章　智能图像风格化实践

15.1　实践：智能图像风格化

1. 实践目的

1）熟悉 skimage、OpenCV 及 PIL 的编程方法，提高软件编程能力。

2）熟悉 TensorFlow 或者 PyTorch 深度学习的软件框架；熟悉 Python 编程方法，提高编程的基本能力。

3）熟悉 PyCharm 环境的使用方法。

4）掌握智能图像风格化处理的方法。

5）学会编程实现智能图像风格化处理，以及程序的训练及调试方法。

6）掌握利用网络资源查阅文献、解决实践问题的技能。

2. 软件环境

1）操作系统为 Windows 10 或者 Linux。

2）Anaconda 3.x、PyCharm 2018.x 或以上、Python 3.5 或以上、skimage、sklearn、Matplotlib 3.3.1、SciPy 1.5.2、NumPy 1.19.1、OpenCV 4.1、Pillow 7.2.0、TensorFlow 1.14 或者 PyTorch 1.7。

3. 实践内容

1）充分利用网络资源，下载现有图像风格化代码，然后启动 PyCharm，剖析现有代码，说明现有智能图像风格化处理算法的原理和思路。

2）在剖析现有智能图像风格化处理算法的基础上，构建神经网络，实现智能图像风格化处理。

3）对所设计的智能图像风格化算法进行训练和调试，再进行预测，显示预测的结果。

4）充分利用网络资源，查阅深度学习中的代码跟踪方法。在上面的程序调试过程中，对代码动态训练过程采用跟踪方法，记录跟踪及调试的过程。

5）在实践过程中，通过查阅文献解决遇到的问题。

6）以上内容可以结合 OpenCV、skimage 和 PIL 编程实现。

4. 实践过程描述

描述实践过程、训练过程、调试过程及预测的结果。

5. 实践总结

总结实践过程中的收获及体会。

6. 实践代码

列出实践代码。

15.2 相关概念与知识

1. 基于卷积神经网络的风格迁移技术

2015 年，Gatys 等在计算机视觉与模式识别国际会议（Computer Vision and Pattern Recognition，CVPR）上提出了基于深度学习的图像风格迁移技术。该研究基于深度神经网络的人工智能策略，是典型的智能化风格迁移技术。利用该方法可以生成高感知品质的艺术图片，使用神经网络重新生成内容和风格结合的图像。

该方法的主要特点是，从一张白噪声图像出发，利用神经网络的编码和解码方法，学习图像的不同层次特征，利用内容图像和风格图像作为特征学习过程中不同层级特征的约束条件，控制生成图像的风格及内容。

具体地，在神经网络不同层级学习特征时，将生成图像的特征与目标图像的特征进行比较，用于网络生成图像的损失控制。将提取的内容特征与内容图像的编码特征进行比较，将提取的风格特征与风格图像的编码特征进行比较。

为了确保生成图像的质量，采用像素级的损失定义方法，并且采用梯度下降方法，在网络反向传播时进行控制。在网络多次迭代之后，即得到特定风格和内容的图像。

该设计采用 VGG 19 网络结构，其中有 16 层卷积层，3 层池化层，没有采用全连接层，并且在 VGG 19 的网络结构基础上，将最大池化层修改为平均池化层，得到了较为满意的结果。

该设计从随机白噪声图像出发，利用梯度下降方法，找到与原图特征（内容或者风格）相匹配的目标结果，这些特征会使损失达到较小，因此得以保留。

损失主要包括内容一致性匹配的损失和风格一致性匹配的损失，如式（15-1）所示。

$$\mathcal{L}_{\text{total}}(\vec{p},\vec{a},\vec{x})=\alpha\mathcal{L}_{\text{content}}(\vec{p},\vec{x})+\beta\mathcal{L}_{\text{style}}(\vec{a},\vec{x}) \tag{15-1}$$

其中，α 和 β 是内容和风格的损失权重，用于控制生成风格的外观。

对于内容一致性匹配损失，定义为二次误差损失项：

$$\mathcal{L}_{\text{content}}(\vec{p},\vec{x},l)=\frac{1}{2}\sum_{i,j}(F_{ij}^{l}-P_{ij}^{l})^{2} \tag{15-2}$$

其中，F_{ij}^l 表示第 l 层网络对生成图像学习得到的编码特征，P_{ij}^l 表示第 l 层网络对内容图像学习得到的编码特征。

对于生成图像 $\bar{x}$，可以计算得到反向传播的梯度，进一步调整网络参数之后，改变初始化随机图像 $\bar{p}$，使得在第 l 层产生的响应与原图像内容特征一致。

风格一致性匹配损失利用计算特征之间的 Gram (G_{ij}^l) 矩阵得到。其中 G_{ij}^l 为第 l 层的第 i 个和第 j 个特征映射的内积 $G_{ij}^l = \sum_k F_{ik}^l F_{jk}^l$。

风格一致性匹配的损失定义为生成图像的 G_{ij}^l 与输入图像的 A_{ij}^l 之间的均方距离，并使之最小。因此，第 l 层的损失定义为

$$E_l = \frac{1}{4N_l^2 M_l^2} \sum_{i,j} (G_{ij}^l - A_{ij}^l)^2 \tag{15-3}$$

2. 基于感知损失的实时风格迁移算法

2016 年，Justin Johnson 等提出一种基于感知损失的实时风格迁移算法，克服了之前 Gatys 等人研究中的费时问题，达到了快速性的目标。

该方法的特点是，采用预训练的网络模型参数获取高层级特征，定义并优化感知损失函数来产生高质量的风格化结果；利用感知损失函数训练前馈网络实现迁移的结果，输入低分辨率图像，可得到高分辨率的迁移结果；而且，只进行一次网络前向传播的计算，速度非常快，可以达到实时效果。

在实施策略研究中，利用了训练前馈卷积神经网络的方法。根据当时的技术，采用了逐层逐像素级损失函数的控制，得到了初始化的网络特征结构，在此基础上，定义并优化感知损失函数，得到了更优的结果。这种方法克服了当时其他方法中每次输入新的图像时都需要对网络进行重新初始化训练的问题，达到了快速生成的目的。

（1）网络的框架结构设计

系统由两部分构成：图像转换网络和损失控制网络，如图 15-1 所示。

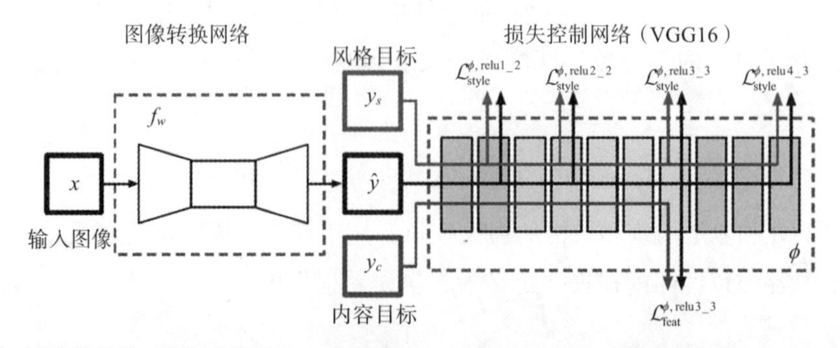

图 15-1　网络的结构（资料来源：Perceptual Losses for Real-Time，作者 Justin Johnson，2016 年）

图像转换网络的结构采用深度残差网络，其功能是把输入的图像 x 通过映射 $\hat{y}=f_w(x)$ 转换成输出图片 $\hat{y}$。那么，损失函数利用和目标图像 y_i 之间的差异来计算，即 $l_i(\hat{y},y_i)$。

图像转换网络的损失利用式（15-4）计算：

$$W^* = \arg\min_W E_{x,\{y_i\}}\left[\sum_{i=1}\lambda_i l_i(\hat{y},y_i)\right] \tag{15-4}$$

也就是说，在转换误差最小的情况下，求得最佳网络参数。训练时，采用随机梯度下降机制控制训练过程，使得 W^* 保持下降趋势。

在损失控制网络中，利用预训练的网络来计算损失，其损失由特征损失 $\mathcal{L}_{\text{feat}}^{\phi}$ 和风格损失 $\mathcal{L}_{\text{style}}^{\phi}$ 定义。特征损失由生成的内容确定其定义形式。

网络设计的基本思路是：先利用图像转换网络构建内容，再融入风格。对于每一幅输入图像 x，有一个内容目标 y_c 和一个风格目标 y_s，网络的结构功能为：

- 对于图像转换网络，输入为 x，输出为构建内容 y_c。
- 对于风格转换过程，不断改进合成结果，利用风格损失进行控制，这时合成内容的输出结果为融入风格特征的结果 y_c。
- 对于超分辨率重建功能，网络输入为 x，输出结果为分辨率改进的 y_c。

（2）损失函数的定义

对于图像转换网络，为了确保其性能，训练时，对于特征（内容）损失的设计不做逐像素对比，而是用 VGG 计算得到高级特征（内容）表示：

$$\mathcal{L}_{\text{style}}^{\phi,j}(\hat{y},y)=\frac{1}{C_jH_jW_j}\|\phi_j(\hat{y})-\phi_j(y)\|_2^2 \tag{15-5}$$

其中，C_j、H_j 和 W_j 分别表示 VGG 网络的第 j 层特征的尺度。$\phi_j(\hat{y})$ 是第 j 层生成图像的特征，$\phi_j(y)$ 是网络第 j 层从内容图像学习到的监督特征。

对于风格重建的损失函数设计，为了计算 Gram 矩阵，先计算 VGG 网络的第 j 层 C_j 个特征的任意两个特征 H_j 和 W_j 的内积：

$$G_j^{\phi}(x)_{c,c'}=\frac{1}{C_jH_jW_j}\sum_{h=1}^{H_j}\sum_{w=1}^{W_j}\phi_j(x)_{h,w,c}\phi_j(x)_{h,w,c'} \tag{15-6}$$

然后，利用 Gram 矩阵网络的第 j 层损失：

$$G_{\text{style}}^{\phi,j}(\hat{y},y)=\|G_j^{\phi}(\hat{y})-G_j^{\phi}(y)\|_F^2 \tag{15-7}$$

最后，利用不同层损失之和计算得到最后的风格损失。

在损失定义时，处理上述内容和风格的感知损失，还定义了两种简单的损失函数，即像素损失和全变差正则化损失。对于全变差正则化损失，为使输出图像平滑，还定义了正则化的约束项。

对于像素损失，是利用输出图像像素 $\hat{y}$ 和目标图像像素 y 之间的标准差计算得到的，对尺度为 C、H 和 W 的图像，像素损失定义为：

$$l_{\text{pixel}}(\hat{y}, y) = \|\hat{y} - y\|_2^2 / CHW \tag{15-8}$$

（3）网络的设计

对于图像转换网络的深度残差网络结构，网络由 5 个残差模块组成，不采用池化层，在图像分辨率控制中，采用跨步控制及上采样和下采样处理。卷积单元处理后采用空间批归一化处理和非线性激活函数，使得输出前采用 Tanh 确保输出结果的范围位于 0 ～ 255 之间。具体的设计特征表现为：

- 精细特征感知结构：在卷积单元中采用卷积核结构，第一层和最后一层设计为 9×9，其他单元中采用的卷积核结构均为 3×3，从而得到更加精细的特征结构。
- 可以支持动态尺度的输出和输入：在设计网络结构时，由于图像转换网络采用全卷积的结构，因此网络对特征的感知支持任意的尺寸。在风格迁移过程中，输出尺度和输入尺度一致，均为 $256\times256\times3$，并且为三通道 RGB 图像；对于图像超分辨率重建来说，图像转换网络可以支持定制尺度的输出。
- 计算代价小：采用上采样及下采样机制使得网络在能够获取足够特征的前提下具有较小的计算代价。有效的下采样机制使得每个输出目标像素都能够感知到输入图像对应的大面积有效的感受野，而且生成结果更符合感知规律。经过下采样后，再经过 3×3 卷积运算，对于原特征，对应感知特征的感受野尺度可以大大增加。

15.3 实践过程的引导与讨论

本实践中，主要应用智能技术实现图像风格化处理。在实践中，应注意以下问题：

1）研究数据集的影响。进行智能图像风格化处理时，数据集很重要。在实践中可以设置不同的数据，以便研究数据集对模型质量的影响。

2）研究网络拓扑结构的影响。可以分析不同的案例，或者设计不同的网络拓扑结构，研究不同的编码方案对图像风格化处理的影响。

3）研究批尺度对模型训练的影响。在实践中，可以设置不同的批尺度，然后分析它对模型收敛的影响。

4）研究损失函数设置的影响。在实践中，可以设置不同的损失函数进行实验，对比不同损失对模型收敛的影响。

15.4　实践问题思考

在实践过程中，可以思考以下问题：

1）当数据集规模较大时，对网络模型收敛有什么影响？

2）网络拓扑结构对于图像风格化处理有什么影响？

3）批尺度较大时，对模型训练收敛有利吗？

4）你设计的算法创新性体现在哪里？不同损失函数对结果有什么影响？

第 16 章　智能图像修复处理实践

16.1　实践：智能图像修复处理

1. 实践目的

1）熟悉 skimage、OpenCV 及 PIL 的编程方法，提高软件编程能力。

2）熟悉 TensorFlow 或者 PyTorch 深度学习软件框架的使用方法；熟悉 Python 编程方法，提高编程的基本能力。

3）熟悉 PyCharm 环境的使用方法。

4）掌握智能图像修复的处理方法。

5）学会编程实现智能图像修复处理，以及程序的训练及调试方法。

6）掌握利用网络资源查阅文献、解决实践问题的技能。

2. 软件环境

1）操作系统为 Windows 10 或者 Linux。

2）Anaconda 3.x、PyCharm 2018.x 或以上、Python 3.5 或以上、skimage、sklearn、Matplotlib 3.3.1、SciPy 1.5.2、NumPy 1.19.1、OpenCV 4.1、Pillow 7.2.0、TensorFlow 1.14 或者 PyTorch 1.7。

3. 实践内容

1）充分利用网络资源，下载智能图像修复算法的开源代码作为示例代码。然后，启动 PyCharm，剖析 TensorFlow 或者 PyTorch 示例代码，说明现有智能图像修复算法的原理和思路。

2）在剖析现有智能图像修复算法的基础上，构建神经网络，设计自己的算法，实现智能图像修复处理功能。

3）对所设计的智能图像修复算法进行训练和调试，再进行预测，显示预测的结果。

4）在上面的程序调试过程中，对代码动态训练过程采用跟踪方法，记录跟踪和调试的过程。

5）在实践过程中，通过查阅文献解决遇到的问题。

6）以上内容可以结合 OpenCV、skimage 和 PIL 编程实现。

4. 实践过程描述

描述实践过程、训练过程、调试过程及预测的结果。

5. 实践总结

总结实践过程中的收获及体会。

6. 实践代码

列出实践代码。

16.2　相关概念与知识

1. 基于上下文信息编码的图像重绘修补算法

Deepak Pathak 等于 2016 年在 CVPR 国际会议上提出一种基于上下文信息感知的图像补绘方法（参见 Context Encoders: Feature Learning by Inpainting）。该方法采用无监督学习设计编码器 – 解码器结构的 CNN，对周围像素的上下文信息进行特征学习，进一步推断缺失像素的色彩信息。

为了解决缺失区域较大时难以利用相邻区域像素的信息来修补的问题，这项工作充分结合上下文信息以及语义信息，采用通道级全连接的策略，实现图像的修补功能。它采用编码器 – 解码器网络结构（如图 16-1 所示）和 GAN 结构。GAN 的作用是生成修补的图像。由于采用有监督学习，在设计判别器时，利用真值标签图像作为判别的依据，当网络生成结果与真值标签图像一致时，即判别器无法区分生成的结果与真实图像之间的差异时，停止对网络参数的训练。

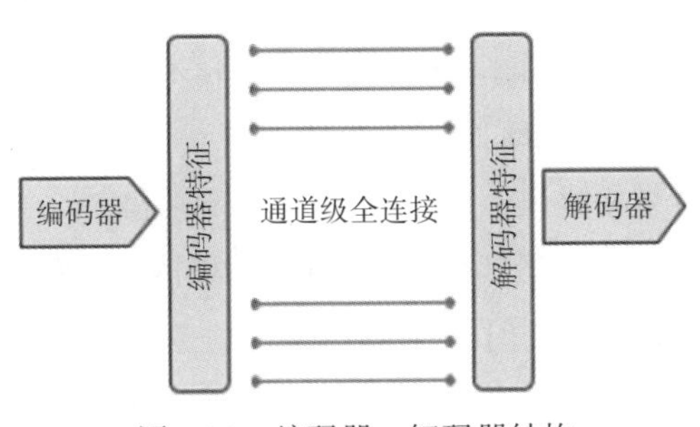

图 16-1　编码器 – 解码器结构

（1）网络结构

在算法设计中，对于编码器 – 解码器，采用基于 AlexNet 的基本编码结构进行构建，如图 16-2 所示。

其中，网络结构分为两大部分：编码器 – 解码器和 GAN，这两部分网络有交叉。在编码器 – 解码器部分的网络中，对输入图像进行编码和解码后，将还原的图像作为生成的结果。也就是说，编码器 – 解码器可以看作 GAN 网络的生成器。

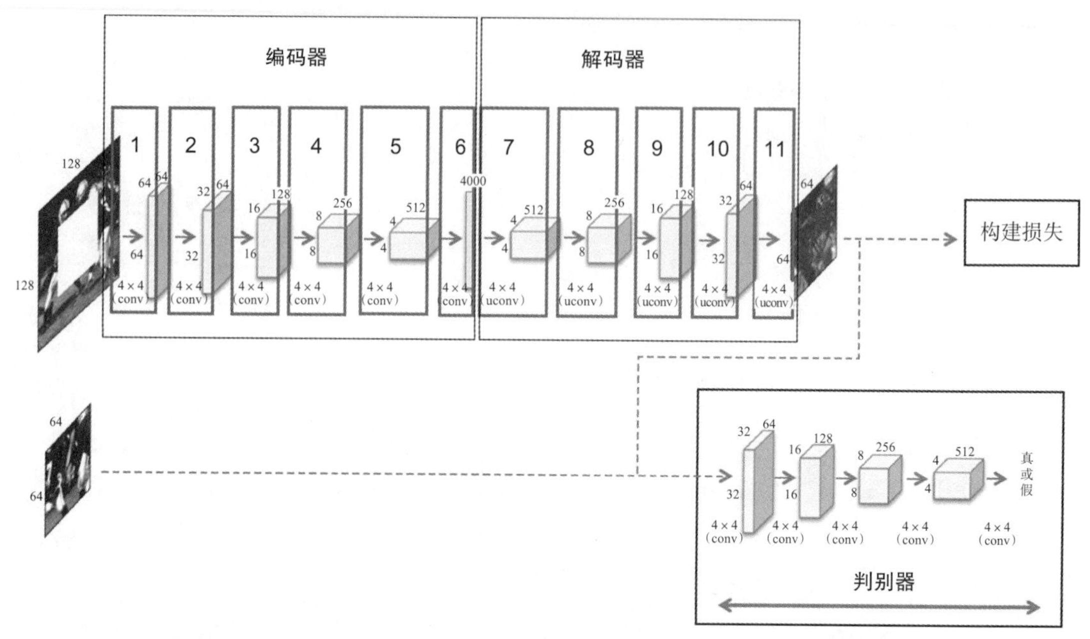

图 16-2 网络结构（资料来源：Context Encoders: Feature Learning by Inpainting，作者 Deepark Pathak 等，2016 年）

网络设计中结合了 CNN 和 GAN 的结构，但是做了以下修改：去掉了 ALexNet 的全连接层，设计为卷积层；取消所有现有 ALexNet 中的池化层，采用转置卷积进行上采样；在判别网络中，利用跨步位移功能降低特征维度（假设跨步位移为 2，那么卷积后特征维度变为原来的一半）；不采用池化处理，生成器和判别器均使用批归一化处理，并且生成网络的最后一层利用 Tanh 将输出限制在 [0,255] 范围之内；网络中使用 LeakyReLU 作为激活函数。

在此结构中，编码器和解码器的结构分别由 6 层和 5 层卷积组成。在编码器的结构中，前 6 层编码的卷积核形状均为 4×4，卷积核的个数（即特征的通道数）分别为 64、32、128、256、512 和 1。编码后的特征为 4000 个分量的低维编码。在解码器中，5 层卷积的结构中特征的通道数（卷积核的个数）分别为 512、256、128、64 和 1。

这个方案采用通道级全连接层，从本质看属于全连接的机制，但为了减少训练参数的规模，并非采用像素特征级的全连接，而是采用通道之间的全连接，如图 16-3 所示。这样设计既可以避免训练参数过多的问题，也可以使不同层得到足够的特征。

（2）损失的定义

1）重建损失。在编码器 – 解码器结构的网络部分中，采用输出图像与目标图像对应填补区域的 L2 损失作为缺失区域的损失。它可以捕获缺失区域的整体结构，让重建结果与周围的信息一致：

$$L_{\text{rec}}(x)=\|\hat{M}\odot(x-F((1-\hat{M})\odot x))\|_2^2 \tag{16-1}$$

其中，$\odot$ 表示逐像素相乘。M 为网络输出的修补结果的掩模。

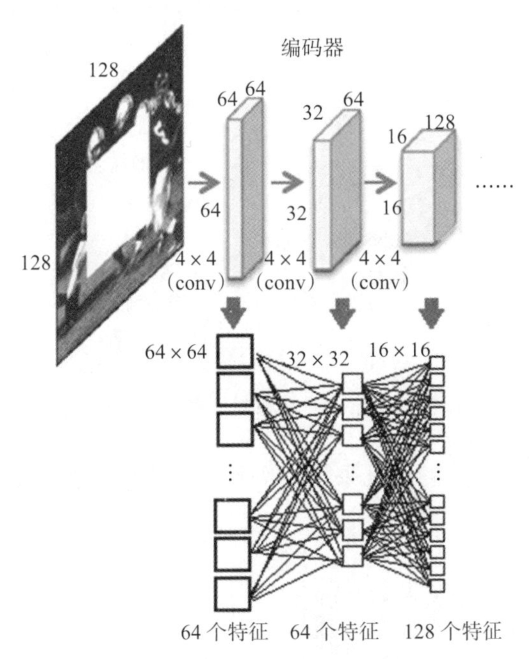

图 16-3　通道之间的全连接示意图（资料来源：Context Encoders: Feature Learning by Inpainting，作者 Deepak Pathak 等，2016 年）

2）判别损失。该方法采用交叉熵作为判别损失，使预测结果更加真实。

$$\mathcal{L}_{\text{adv}}=\max_{D} E_{x\in\chi}[\log(D(x))+\log(1-D(F((1-M)\odot x)))] \tag{16-2}$$

3）重建损失与判别损失相结合。图像的修补结果既需要考虑修补结果的语义的正确性，同时要做到修补区域与周围区域具有相关性。因此，损失定义为：

$$L=\lambda_{\text{rec}}L_{\text{rec}}+\lambda_{\text{adv}}L_{\text{adv}} \tag{16-3}$$

2. 基于全局与局部一致性的图像修补算法

2017 年，Waseda 大学的学者 Satoshi Iizuka 等人提出一种基于全局和局部一致性的图像修补算法，即利用 GAN 结构，在设计判别器时，设计了全局判别器和局部判别器。这两种判别器能保证生成的图像既符合全局语义，又可以尽量提高局部区域的清晰度和对比度。

（1）网络结构

该方案的网络设计结合了 CNN 和 GAN 的结构，网络结构分为两大部分：补全网络（Completion Network，C-Net）和上下文判别网络。上下文判别网络设计为全局判别器（Global Discriminator，G-Dis）和局部判别器（Local Discriminator，L-Dis）。与上下文信息编码的修补方法类似，C-Net 和两个判别器之间有特征交互，即 C-Net 输出的特征作为 G-Dis 网络和 L-Dis 网络的输入特征，即对输入图像通过 C-Net 部分进行编码和解码后，还原的图像作为 GAN 的生成器的生成结果，然后输入到 G-Dis 网络和 L-Dis 网络，也就是说，C-Net 可以看作 GAN 网络的生成器，如图 16-4 所示。

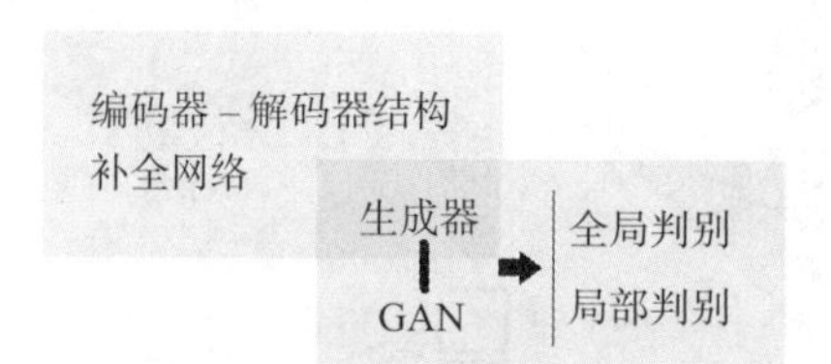

图 16-4　补全网络和判别器的关系结构

在算法设计中，C-Net 的设计采用编码器 – 解码器结构，如图 16-5 所示。

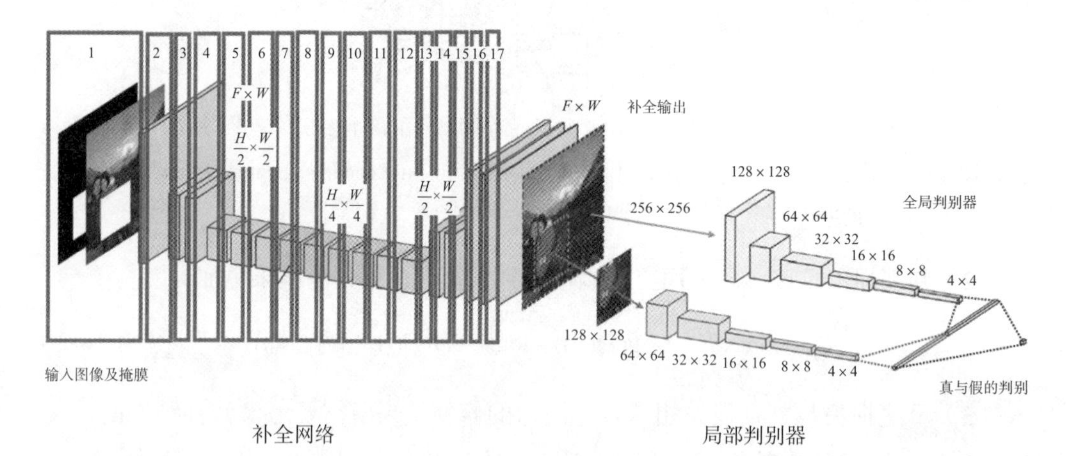

图 16-5　网络结构示意图（资料来源：Globally and Locally Consistent Image Completion，作者 Satoshi Iizuka 等，2017 年）

（2）损失的定义

生成网络使用加权平均方差作为损失函数，采用加权平均损失计算补全的损失，计算原图像与生成图像像素之间的差异，作为生成器的损失控制。其定义为：

$$L(x, M_c) = \| M_c \odot (C(x, M_c) - x) \|^2 \tag{16-4}$$

其中，$\odot$ 表示逐像素相乘。

G-Dis 网络与 L-Dis 网络的损失采用交叉熵作为判别损失，使预测结果更加真实，其损失定义形式与式（16-2）类似。

16.3　实践过程的引导与讨论

本实践中，主要应用智能技术进行图像修复处理。在实践过程中应注意以下问题：

1）研究数据集的影响。进行智能图像修复处理时，数据集很重要。在实践中，可以设置不同的数据，以便研究数据集对模型质量的影响。

2）研究网络拓扑结构的影响。在实践中，分析不同的案例，或者设计不同的网络拓扑结构，从而研究不同的网络拓扑结构对图像修复处理结果的影响。

3）研究批尺度对模型训练的影响。在实践中，可以设置不同的批尺度，然后分析它们对模型收敛的影响。

4）研究损失函数设置的影响。在实践中，可以设置不同的损失函数进行实验，对比不同损失对模型收敛的影响。

16.4　实践问题思考

在实践过程中，可以思考以下问题：

1）当数据集规模较大时，对网络模型收敛有什么影响？

2）网络拓扑结构对于图像修复处理有什么影响？

3）批尺度较大时，对模型训练收敛有利吗？

4）你设计的算法的创新性体现在哪里？不同网络结构或者不同的损失函数对结果有什么影响？

附录 A　基于 CDib 的 C++ 图像处理参考代码

A.1　图像的基本运算与变形处理

1. 加运算

假设定义两个图像类对象为 mybmp1 和 mybmp2，加运算的结果图像为 newbmp。加运算的实现方法是：

```
CDib mybmp1, mybmp2, newbmp;
CSize sizeimage;
for(int y = 0; y < sizeimage.cy; y++)
for(int x = 0; x < sizeimage.cx; x++)
{
    RGBQUAD color1;
    RGBQUAD color2;

    color1 = mybmp1.GetPixel(x,y);
    color2 = mybmp2.GetPixel(x,y);
    //合成图像
    RGBQUAD color;
    color.rgbBlue  = color1.rgbBlue + color2.rgbBlue;
    if(color.rgbBlue>255)
        color.rgbBlue =color2.rgbBlue;
    color.rgbGreen = color1.rgbGreen + color2.rgbGreen;
    if(color.rgbGreen>255)
        color.rgbGreen =color2.rgbGreen;
    color.rgbRed   = color1.rgbRed + color2.rgbRed;
    if(color.rgbRed>255)
        color.rgbRed =color2.rgbRed;
    newbmp.WritePixel(x, y,color);
}
```

2. 减运算

假设定义两个图像类对象为 mybmp1 和 mybmp2，并均已经被读入，减运算的结果图像为 newbmp。减运算的实现方法是：

```
CDib mybmp1, mybmp2, newbmp;
CSize sizeimage;
for(int y = 0; y < sizeimage.cy; y++)// 每行
for(int x = 0; x < sizeimage.cx; x++)// 每列
{
   RGBQUAD color1;
```

```
    RGBQUAD color2;

    color1 = mybmp1.GetPixel(x,y);
    color2 = mybmp2.GetPixel(x,y);
    //合成图像
    RGBQUAD color;
    color.rgbBlue = color1.rgbBlue - color2.rgbBlue;
    if(color.rgbBlue < 0)
        color.rgbBlue =0;
    color.rgbGreen = color1.rgbGreen - color2.rgbGreen;
    if(color.rgbGreen < 0)
        color.rgbGreen = 0;
    color.rgbRed  = color1.rgbRed - color2.rgbRed;
    if (color.rgbRed < 0)
        color.rgbRed =0;
    newbmp.WritePixel(x, y,color);
    }
```

3. 乘运算

假设定义两个图像类对象为 mybmp1 和 mybmp2，乘运算的结果图像为 newbmp。乘运算的实现方法是：

```
CDib mybmp1, mybmp2, newbmp;
      sizeimage=mybmp1.GetDimensions();  //获取图像尺度信息
for(int y = 0; y < sizeimage.cy; y++)
for(int x = 0; x < sizeimage.cx; x++)
{
  RGBQUAD color1;
  RGBQUAD color2;

  color1 = mybmp1.GetPixel(x,y);
  color2 = mybmp2.GetPixel(x,y);
  //合成图像
  RGBQUAD color;
  color.rgbBlue = (color1.rgbBlue *color2.rgbBlue)%256;
  color.rgbGreen = (color1.rgbGreen * color2.rgbGreen)%256;
  color.rgbRed  = (color1.rgbRed * color2.rgbRed)%256;
  newbmp.WritePixel(x, y,color);
}
```

4. 除运算

假设定义两个图像类对象为 mybmp1 和 mybmp2，除运算的结果图像为 newbmp。除运算的实现方法是：

```
CDi b mybmp1, mybmp2, newbmp;
  sizeimage=mybmp1.GetDimensions();  //获取图像尺度信息
for(int y = 0; y < sizeimage.cy; y++)
```

```
    for(int x = 0; x < sizeimage.cx; x++)
    {
        RGBQUAD color1;
        RGBQUAD color2;
        color1 = mybmp1.GetPixel(x,y);
        color2 = mybmp2.GetPixel(x,y);

        RGBQUAD color;
        color.rgbBlue  = color1.rgbBlue / color2.rgbBlue;
        color.rgbGreen = color1.rgbGreen / color2.rgbGreen;
        color.rgbRed   = color1.rgbRed / color2.rgbRed;
        newbmp.WritePixel(x, y,color);
}
```

5. 二值化处理

算法名称：彩色图像进行二值化处理的 CDib 类实现方法。

已知：一个图像类对象 mybmp。

结果：二值化图像的结果 binarybmp。

```
CDib mybmp, binarybmp;
CSize sizeimage;
for(int y=0; y<nHeight ; y++ )
for(int x=0; x<nWidth ; x++ )
{
 RGBQUAD color;
 color = mybmp.GetPixel(x,y);
 if(color.rgbBlue < preThd)
 {
      color.rgbBlue = 0 ;
      color.rgbGreen = 0 ;
      color.rgbRed = 0 ;
     }
    else
     {
           color.rgbBlue = 255 ;
      color.rgbGreen = 255 ;
      color.rgbRed = 255 ;
 }
 binarybmp.WritePixel(x,y,color);
   }
```

6. 与运算

算法名称：图像与运算的 CDib 类实现方法。

已知：两个图像类对象 mybmp1 和 mybmp2。

结果：与运算的结果为 newbmp。

```
CDib mybmp1, mybmp2, newbmp;
for(int y = 0; y < sizeimage.cy; y++)
for(int x = 0; x < sizeimage.cx; x++)
{
      RGBQUAD color1;
      RGBQUAD color2;
      color1 = mybmp1.GetPixel(x,y);
      color2 = mybmp2.GetPixel(x,y);
      RGBQUAD color;
      if(color1.rgbBlue == 255 && color1.rgbBlue == 255)
      {
           color.rgbGreen = 255;
           color.rgbRed   = 255;
           color.rgbBlue  = 255;
      }
      else
      {
           color.rgbGreen = 0;
           color.rgbRed   = 0;
           color.rgbBlue  = 0;
      }
      newbmp.WritePixel(x, y,color);
}
```

7. 或运算

已知：两个图像类对象 mybmp1 和 mybmp2。

结果：或运算的结果为 newbmp。

```
CDib mybmp1, mybmp2, newbmp;
for(int y = 0; y < sizeimage.cy; y++)
for(int x = 0; x < sizeimage.cx; x++)
{
      RGBQUAD color1;
      RGBQUAD color2;
      color1 = mybmp1.GetPixel(x,y);
      color2 = mybmp2.GetPixel(x,y);
      RGBQUAD color;
      if(color1.rgbBlue == 255 || color1.rgbBlue == 255)
      {
           color.rgbGreen = 255;
           color.rgbRed  = 255;
           color.rgbBlue = 255;
      }
      else
      {
           color.rgbGreen = 0;
           color.rgbRed   = 0;
           color.rgbBlue  = 0;
      }
```

```
        newbmp.WritePixel(x, y,color);
}
```

8. 补运算

已知：一个图像类对象 mybmp。

结果：补运算结果为 newbmp。

```
CDib mybmp,newbmp;
CSize sizeimage;
sizeimage=mybmp.GetDimensions();  //获取图像尺度信息
for(int y = 0; y < sizeimage.cy; y++)
for(int x = 0; x < sizeimage.cx; x++)
{
      RGBQUAD color;
      color = mybmp.GetPixel(x,y);
      color.rgbGreen = 255-color.rgbGreen;
      color.rgbRed = 255-color.rgbRed;
      color.rgbBlue = 255-color.rgbBlue;
      newbmp.WritePixel(x, y,color);

}
```

9. 图像平移变换

已知：一个图像类对象 mybmp。

结果：平移变换的结果为 newbmp。

```
CDib mybmp,newbmp;

for(int y = 0; y < sizeimage.cy; y++)
for(int x = 0; x < sizeimage.cx; x++)
{
      color = mybmp.GetPixel(x,y);
      // 计算该像素在原图像中的坐标
      int x0 = x + xoffset;
      int y0 = y + yoffset;
      // 判断是否在原图像区域内
      if( x0>= sizeimage.cx || x0<0 || y0 >= sizeimage.cy || y0<0)
      {
           color.rgbGreen = 255;
           color.rgbRed   = 255;
           color.rgbBlue  = 255;
      }
      else
           newbmp.WritePixel(x0, y0,color);
 }
```

10. 图像镜像变换

已知：一个图像类对象 mybmp。

结果：镜像变换的结果为 newbmp。

```
CDib mybmp, newbmp;
```

水平镜像功能的实现方法是：

```
for(int y = 0; y < sizeimage.cy; y++)
for(int x = 0; x < sizeimage.cx/2; x++)
{
      RGBQUAD color1,color2;
      color1 = mybmp.GetPixel(x,y);
      color2 = mybmp.GetPixel(sizeimage.cx-x-1, y);

      newbmp.WritePixel(x, y,color2);
      newbmp.WritePixel(sizeimage.cx-x-1, y,color1);
}
```

垂直镜像功能的实现方法是：

```
for(int y = 0; y < sizeimage.cy/2; y++)
for(int x = 0; x < sizeimage.cx; x++)
{
       RGBQUAD color1,color2;
       color1 = mybmp.GetPixel(x,y);
       color2 = mybmp.GetPixel(x, sizeimage.cy-y-1);

       newbmp.WritePixel(x, y,color2);
       newbmp.WritePixel(x, sizeimage.cy-y-1,color1);
}
```

11. 利用 CDib 实现图像旋转变换

以图像的中心为参考坐标系的原点，其功能实现要经过三个步骤，调用的三个函数为：

```
void MovePosCal ();  // 计算平移位置
void Rotate();
void MoveBack ();   // 移回
```

算法名称：图像旋转变换的 CDib 类实现方法。

已知：一个图像类对象 mybmp。

结果：旋转变换的结果为 newbmp。

```
CDib mybmp, newbmp;
// 原图像四个角的坐标（以图像中心为坐标系原点）
float XS1,YS1,XS2,YS2,XS3,YS3,XS4,YS4;
```

```
void MoveTOOrigin()
{
      CvSize imgsize = cvGetSize( img);
      long Width = imgsize.width;                      // 获取图像的宽度
      long Height = imgsize.height;                    // 获取图像的高度

      // 计算原图像的四个角的坐标(以图像中心为坐标系原点)
      XS1 = (float) (- Width  / 2);   YS1 = (float) (  Height / 2);
      XS2 = (float) (  Width  / 2);  YS2 = (float) (  Height / 2);
      XS3 = (float) (- Width  / 2);   YS3 = (float) (- Height / 2);
      XS4 = (float) (  Width  / 2);  YS4 = (float) (- Height / 2);
}

//旋转变换
void Rotate()
{
      //假设旋转的角度是40°
      double angle = 40;
      // 将旋转角度从度转换到弧度
      float        fRotateAngle = angle *3.1415926535/180.0;
      float        fSina, fCosa;                     // 旋转角度的正弦和余弦
      fSina = (float) sin((double)fRotateAngle);    // 计算旋转角度的正弦
      fCosa = (float) cos((double)fRotateAngle);    // 计算旋转角度的余弦
      // 旋转后四个角的坐标(以图像中心为坐标系原点)
      float        XD1,YD1,XD2,YD2,XD3,YD3,XD4,YD4;
      // 计算新图像四个角的坐标(以图像中心为坐标系原点)
      XD1 =  fCosa * XS1 + fSina * YS1; YD1 = -fSina * XS1 + fCosa * YS1;
      XD2 =  fCosa * XS2 + fSina * YS2; YD2 = -fSina * XS2 + fCosa * YS2;
      XD3 =  fCosa * XS3 + fSina * YS3; YD3 = -fSina * XS3 + fCosa * YS3;
      XD4 =  fCosa * XS4 + fSina * YS4; YD4 = -fSina * XS4 + fCosa * YS4;
}
void MoveBack ()
{
      CvSize imgsize = cvGetSize( img);
      resultimg = cvCreateImage(imgsize, img->depth, img->nChannels);

      long Width = imgsize.width;                      // 获取图像的宽度
      long Height = imgsize.height;                    // 获取图像的高度

      // 计算旋转后图像的实际宽度
      long NewWidth, NewHeight;
      if(fabs(XD4 - XD1)> fabs(XD3 - XD2))
          NewWidth  = fabs(XD4 - XD1)+0.5;
      else
          NewWidth  = fabs(XD3 - XD2)+0.5;
      // 计算旋转后图像的高度
      if(fabs(YD4 - YD1)> fabs(YD3 - YD2))
          NewHeight = fabs(YD4 - YD1)+0.5;
      else
```

```
        NewHeight = fabs(YD3 - YD2)+0.5;
    CvSize imgsizeNew;
    imgsizeNew.width = NewWidth; imgsizeNew.height = NewHeight;
    resultimg = cvCreateImage(imgsizeNew, img->depth, img->nChannels);

    for(int x = 0; x < NewWidth; x++)
    for(int y = 0; y < NewHeight; y++)
    {
        CvScalar color;
        //计算新点在原图像上的位置
        int x0 = (x-NewWidth/2) * fCosa - (y-NewHeight/2) * fSina +
            Width/2.0;
        int y0 = (x-NewWidth/2) * fSina + (y-NewHeight/2) * fCosa +
            Height/2.0;

        if((x0 >= 0) && (x0 < Width) && (y0 >= 0) && (y0 < Height))
             color = cvGet2D(img, y0,x0);
        else
        {
             color.val[0] = 255;
             color.val[1] = 255;
             color.val[2] = 255;
        }
        cvSet2D( resultimg,y,x,color );
    }
    Invalidate();
}

//旋转变换
void CImageprocessView::OnRotate()
{
    MoveTOOrigin();
    Rotate();
    MoveBack();
}
```

12. 前向映射法实现图像缩放

已知：一个图像 CDib 类对象 mybmp。

结果：缩放结果为 newbmp。

```
CDib mybmp, newbmp;
for(int x = 0; x < Width; x++) //原图像的宽度
for(int y = 0; y < Height; y++)
{
     RGBQUAD color = mybmp.GetPixel(x,y);
     //计算点在新图像上的位置
     int x0 = x * XZoomRatio + 0.5;
     int y0 = y * XZoomRatio + 0.5;
```

```
        for(int m1 = -1; m1 <= 1; m1++)
        for(int m2 = -1; m2 <= 1; m2++)
        {
            if((x0 + m1 >= 0) && (x0 +m1 < NewWidth)
            && (y0 + m2 >= 0) && (y0+m2 < NewHeight))
            {
                newbmp.WritePixel(x0 + m1, y0 + m2,color);
                flag[y0*NewWidth + x0] = true;
            }
        }
}
```

13. 用最近邻插值法实现后向映射图像缩放

已知：一个图像类对象 mybmp。

结果：缩放结果为 newbmp。

```
CDib mybmp, newbmp;
newbmp.CreateCDib(sizeimageNew,mybmp.m_lpBMIH->biBitCount);
for(int x = 0; x < NewWidth; x++)
for(int y = 0; y < NewHeight; y++)
{
    RGBQUAD color;
    //计算新点在原图像上的位置
    int x0 = (long) (x / XZoomRatio + 0.5);
    int y0 = (long) (y / YZoomRatio + 0.5);

    if((x0 >= 0) && (x0 < sizeimage.cx) && (y0 >= 0) && (y0 < sizeimage.
        cy))
        color = mybmp.GetPixel(x0,y0);
    else
    {
        color.rgbGreen = 255;
        color.rgbRed  = 255;
        color.rgbBlue  = 255;
    }
    newbmp.WritePixel(x, y,color);
}
```

14. 用双线性插值法实现后向映射图像缩放

已知：一个图像类对象 mybmp。

结果：缩放结果为 newbmp。

```
for(int x = 0; x < NewWidth; x++)
for(int y = 0; y < NewHeight; y++)
{
    RGBQUAD color;
    //计算新点在原图像上的位置
```

```
float cx = x / XZoomRatio;
float cy = y / YZoomRatio;
if( ((int)(cx)-1) >= 0 && ((int)(cx)+1) < sizeimage.cx
&& ((int)(cy)-1) >= 0 && ((int)(cy)+1) < sizeimage.cy)
{
   //f(i+u,j+v) = (1-u)(1-v)f(i,j) + (1-u)vf(i,j+1) + u(1-v)f(i+1,j) +
       uvf(i+1,j+1)
   float u = cx - (int)cx;
   float v = cy - (int)cy;
   int i = (int)cx;
   int j = (int)cy;

   int gray;
   gray=(1-u)*(1-v)*mybmp.GetPixel(i,j).rgbGreen
        + (1-u)*v*mybmp.GetPixel(i,j+1).rgbGreen
        +u*(1-v)*mybmp.GetPixel(i+1,j).rgbGreen
        +u*v*mybmp.GetPixel(i+1,j+1).rgbGreen;
   color.rgbGreen = gray;
   color.rgbRed = gray;
   color.rgbBlue = gray;
}
else
{
   color.rgbGreen = 255;
   color.rgbRed   = 255;
   color.rgbBlue  = 255;
}
newbmp.WritePixel(x, y,color);
   }
```

A.2　图像增强处理

1. 线性点运算

```
CSize sizeimage;
 sizeimage=mybmp.GetDimensions();          // 获取图像尺度信息
 for(int y = 0; y < sizeimage.cy; y++)
 for(int x = 0; x < sizeimage.cx; x++)
 {
      RGBQUAD color;
      color = mybmp.GetPixel(x,y);
      double r = color.rgbRed;
      r=255-r;     //r = 255-r
      color.rgbBlue  = (unsigned char)b;
      color.rgbGreen = (unsigned char)g;
      color.rgbRed   = (unsigned char)r;
      mybmp.WritePixel(x, y,color);       // 将像素 (x, y) 三个通道写入相同的灰度值
      }
```

2. 图像点运算

已知：一个图像类对象 mybmp。

结果：点运算的结果为 newbmp。

```
CDib mybmp,newbmp;
for(int y = 0; y < sizeimage.cy; y++)
for(int x = 0; x < sizeimage.cx; x++)
{
    RGBQUAD color;
    color = mybmp.GetPixel(x,y);
    //s = ag + b
    double g = color.rgbRed;
    // 线性变换参数
    double a = 0.5;
    double b = 0.8;
    g = a * g + b;
    color.rgbBlue  = (unsigned char)g;
    color.rgbGreen = (unsigned char)g;
    color.rgbRed   = (unsigned char)g;
    newbmp.WritePixel(x, y,color);
}
```

对数点运算实例：

```
for(int y = 0; y < sizeimage.cy; y++)
for(int x = 0; x < sizeimage.cx; x++)
{
    GBQUAD color;
    color = mybmp.GetPixel(x,y);
    double g = color.rgbRed;
    double c = 30.0;
    g = c * log(1+ g);

    color.rgbBlue  = (unsigned char)g;
    color.rgbGreen = (unsigned char)g;
    color.rgbRed   = (unsigned char)g;
    newbmp.WritePixel(x, y,color);
}
```

幂变换实例：

```
for(int y = 0; y < sizeimage.cy; y++)
for(int x = 0; x < sizeimage.cx; x++)
{
    RGBQUAD color;
    color = mybmp.GetPixel(x,y);
    double g = color.rgbRed;
    double k = 1.0;
```

```
        double a = 4.5;
        g = k * pow( g, a);

        color.rgbBlue  = (unsigned char)g;
        color.rgbGreen = (unsigned char)g;
        color.rgbRed   = (unsigned char)g;
        newbmp.WritePixel(x, y,color);
    }
```

3. 直方图均衡化处理

要实现彩色图像的直方图均衡化处理，首先要进行灰度化的预处理。假设利用灰度化处理函数已经将彩色图像 img 转化为灰度图像 grayresult，那么可以利用 CDib 类对直方图做均衡化处理。

算法名称：图像直方图均衡化的 CDib 类实现方法。

已知：一幅彩色图像的灰度化结果 grayresult。

结果：图像直方图均衡化的结果为 newbmp。

```
CDib mybmp,newbmp;
//直方图均衡化
void CImageprocessView::OnHisEqua()
{
    CSize sizeimage;
    sizeimage=grayresult.GetDimensions();  //获取图像尺度信息
    newbmp.CreateCDib(sizeimage, grayresult.m_lpBMIH->biBitCount);

    //统计直方图，直方图的强度等级为 0 ~ 255
    int count[256];
    for(int i = 0; i < 256; i++) count[i] = 0;
    for(int y = 0; y < sizeImage.cy; y++)
    for(int x = 0; x < sizeImage.cx; x++)
   {
           RGBQUAD color;
           color =grayresult.GetPixel(x,y);
           int gray = color.rgbBlue;
           count[gray]++;   //按照灰度值统计
    }

    // 计算灰度映射表
    int newgray[256];
    for (i = 0; i < 256; i++)
    {
           int tmp= 0;
           for (int j = 0; j <= i ; j++)
                tmp += count[j];
           // 计算对应的新灰度值
           newgray[i] = (lTemp * 255.0 / sizeImage.cy / sizeImage.cx);
```

```
    }

    for( y = 0; y < sizeImage.cy; y++)
    for(int x = 0; x < sizeImage.cx; x++)
     {
          RGBQUAD color;
          color =grayresult.GetPixel(x,y);
          int gray = newgray[color.rgbBlue];
          color.rgbBlue  = (unsigned char)gray;
          color.rgbGreen = (unsigned char)gray;
          color.rgbRed   = (unsigned char)gray;
          newbmp.WritePixel(x, y,color);
     }
    Invalidate();
}
```

4. 利用强度分层法进行伪彩色处理

已知：一个灰度图像类对象 mybmp。

结果：伪彩色化的结果为 newbmp。

```
CDib mybmp,newbmp;
// 利用强度分层法的伪彩色算法
 void CImageprocessView:: OnhierarchyColor()
 {
    CSize sizeimage;
    sizeimage=mybmp.GetDimensions();  //获取图像尺度信息
    newbmp.CreateCDib(sizeimage,mybmp.m_lpBMIH->biBitCount);
    //图像分为若干个灰度级，假设有 51 个等级
    int graylevel =5;
    //随机产生颜色
    RGBQUAD* color_new = new RGBQUAD[graylevel+1];
    srand((unsigned int)time(NULL));
    for(int i = 0; i <= graylevel; i++)
    {
         color_new [i].rgbBlue = (unsigned char)rand()%255;
         color_new [i].rgbGreen = (unsigned char)rand()%255;
         color_new [i].rgbRed = (unsigned char)rand()%255;
    }
    // 对图像的像素值进行变换
    for(int x = 0; x < sizeimage.cx; x++)
    for(int y = 0; y < sizeimage.cy; y++)
    {
         RGBQUAD color;
         color = mybmp.GetPixel(x,y);
         int level = color.rgbBlue/50;    //将 255 个强度等级的图像分为 6 种颜色
         newbmp.WritePixel(x, y, color_new[level]);
    }
    Invalidate();
}
```

5. 利用灰度级到彩色变换的伪彩色处理

已知：一个图像类对象 mybmp。

结果：伪彩色化的结果为 newbmp。

```
CDib mybmp,newbmp;
// 灰度级到彩色变换的伪彩色算法
void CImageprocessView:: OnDensiTransColor()
{
    CSize sizeimage;
    sizeimage=mybmp.GetDimensions();  //获取图像尺度信息
    newbmp.CreateCDib(sizeimage,mybmp.m_lpBMIH->biBitCount);
    // 对图像的像素值进行变换
    for(int x = 0; x < sizeimage.cx; x++)
    for(int y = 0; y < sizeimage.cy; y++)
    {
       RGBQUAD color,color1;
       color1 = mybmp.GetPixel(x,y);

       color.rgbRed   = (int)((color1.rgbRed*2+80)/1+20);
       color.rgbGreen = (int)((color1.rgbGreen*4+120)/3+21);
       color.rgbBlue  = (int)((color1.rgbBlue+40)/2+3);
       newbmp.WritePixel(x, y, color);
    }
   Invalidate();
```

6. 图像空域平滑的均值滤波算法

已知：一个图像类对象 mybmp。

结果：均值滤波的结果为 newbmp。

```
CDib mybmp,newbmp;
//均值滤波器
void CImageprocessView:: OnMean ()
{
    CSize sizeimage;
    sizeimage=mybmp.GetDimensions();     //获取图像尺度信息
    newbmp.CreateCDib(sizeimage,mybmp.m_lpBMIH->biBitCount);
    int temp[3][3]={1,1,1,1,1,1,1,1,1};  // 3×3 模板
    double  tempC = 1.0/9;    //模板系数
    for(int x = 0+1; x < sizeimage.cx-1; x++)
    for(int y = 0+1; y < sizeimage.cy-1; y++)
    {
        RGBQUAD color;
        double gray=0;
        for(int i = -1; i <= 1; i++)
        for(int j = -1; j <= 1; j++)
        {
          color = mybmp.GetPixel(x+i,y+j);
```

```
            gray += color.rgbRed*temp[i+1][j+1]*tempC;
            }
          color.rgbBlue  = (int)gray;
          color.rgbGreen = (int)gray;
          color.rgbRed   = (int)gray;
          newbmp.WritePixel(x, y,color);
      }
      Invalidate();
}
```

7. 图像空域中值滤波

已知：一个图像类对象 mybmp。

结果：中值滤波的结果为 newbmp。

```
CDib mybmp,newbmp;
// 中值滤波器
void CImageprocessView:: OnMedian()
{
    CSize sizeimage;
    sizeimage=mybmp.GetDimensions();  //获取图像尺度信息
    newbmp.CreateCDib(sizeimage,mybmp.m_lpBMIH->biBitCount);
    for(int x = 0+1; x < sizeimage.cx-1; x++)
    for(int y = 0+1; y < sizeimage.cy-1; y++)
   {
       RGBQUAD color;
       int temp[9]={0}, k = 0;
      for(int i = -1; i <= 1; i++)
      for(int j = -1; j <= 1; j++)
      {
         color = mybmp.GetPixel(x+i,y+j);
         temp[k] = color.rgbRed;
         k++;
      }
      int g = GetMedianNum(temp, 9);
      color.rgbBlue  = g;
      color.rgbGreen = g;
      color.rgbRed  = g;
      newbmp.WritePixel(x, y,color);
    }
    Invalidate();
}
```

8. 图像空域梯度锐化

已知：一个图像类对象 mybmp。

结果：梯度锐化的结果为 newbmp。

```
CDib mybmp,newbmp;
```

```
void CImageprocessView::OnGradSharp()
{
     int thresh =50;  //阈值,假设为 50
     CSize sizeimage;
     sizeimage=mybmp.GetDimensions();  //获取图像尺度信息
     newbmp.CreateCDib(sizeimage,mybmp.m_lpBMIH->biBitCount);
     for(int i = 0; i < sizeimage.cy-1; i++)
     for(int j = 0; j < sizeimage.cx-1; j++)
     {
           RGBQUAD color1,color2,color3,color;
           color1 = mybmp.GetPixel(j,i);
           color2 = mybmp.GetPixel(j,i+1);
           color3 = mybmp.GetPixel(j+1,i);
           int bTemp = abs(color1.rgbBlue - color2.rgbBlue)
                     + abs(color1.rgbBlue - color3.rgbBlue );

           if (bTemp < 255 && bTemp >= thresh)
           {
                color.rgbGreen = bTemp;
                color.rgbRed   = bTemp;
                color.rgbBlue  = bTemp;
                newbmp.WritePixel(j, i,color);
           }
           else
           {
                color.rgbGreen = 255;
                color.rgbRed   = 255;
                color.rgbBlue  = 255;
                newbmp.WritePixel(j, i,color);
           }
     }
      mybmp.CopyDib(&tmpbmp);
      Invalidate();
}
```

9. 图像空域锐化 Prewitt 算法

已知：一个图像类对象 mybmp。

结果：锐化的结果为 newbmp。

```
CDib mybmp,newbmp;
void CImageprocessView::OnEdgePrewitt()
{
    CSize sizeimage;
    sizeimage=mybmp.GetDimensions();  //获取图像尺度信息
    newbmp.CreateCDib(sizeimage,mybmp.m_lpBMIH->biBitCount);

    CDib tmpbmp1;
    tmpbmp1.CreateCDib(sizeimage,mybmp.m_lpBMIH->biBitCount);
```

```
    tmpbmp1.CopyDib(&mybmp);
    CDib tmpbmp2;
    tmpbmp2.CreateCDib(sizeimage,mybmp.m_lpBMIH->biBitCount);
    tmpbmp2.CopyDib(&mybmp);
    long i,j;                           // 循环变量
    int         iTempH;                 // 模板高度
    int         iTempW;                 // 模板宽度
    FLOAT  fTempC;                      // 模板系数
    int         iTempMX;                // 模板中心元素 X 坐标
    int         iTempMY;                // 模板中心元素 Y 坐标
    FLOAT aTemplate[9];                 // 模板数组

    // 设置 Prewitt 模板参数
    iTempW = 3;
    iTempH = 3;
    fTempC = 1.0;
    iTempMX = 1;
    iTempMY = 1;
    aTemplate[0] = -1.0;   aTemplate[1] = -1.0;    aTemplate[2] = -1.0;
    aTemplate[3] = 0.0;    aTemplate[4] = 0.0;     aTemplate[5] = 0.0;
    aTemplate[6] = 1.0;    aTemplate[7] = 1.0;     aTemplate[8] = 1.0;
    Template(tmpbmp1, sizeimage.cx, sizeimage.cy,iTempH, iTempW, iTempMX,
        iTempMY, aTemplate, fTempC);
    // 设置 Prewitt 模板参数
    aTemplate[0] = 1.0;    aTemplate[1] = 0.0;     aTemplate[2] = -1.0;
    aTemplate[3] = 1.0;    aTemplate[4] = 0.0;     aTemplate[5] = -1.0;
    aTemplate[6] = 1.0;    aTemplate[7] = 0.0;     aTemplate[8] = -1.0;
    Template(tmpbmp2, sizeimage.cx, sizeimage.cy, iTempH, iTempW, iTempMX,
        iTempMY, aTemplate, fTempC);
    //求两幅缓存图像的最大值
    for(j = 0; j <sizeimage.cy; j++)
    for(i = 0;i <sizeimage.cx-1; i++)
    {
           RGBQUAD color,color1,color2;
           color1 = tmpbmp1.GetPixel(i,j);
           color2 = tmpbmp2.GetPixel(i,j);
           if(color2.rgbRed > color1.rgbRed)
                color = color2;
           else
                color = color1;
           newbmp.WritePixel(i, j,color);
   }
    Invalidate();
}
void CImageprocessView::Template(CDib &lpDIBBits, long lWidth, long
    lHeight,
                 int iTempH, int iTempW, int iTempMX, int iTempMY,
                 float * fpArray, float fCoef)
{
```

```
    CSize sizeimage;
    sizeimage= lpDIBBits.GetDimensions();         //获取图像尺度信息
    newbmp.CreateCDib(sizeimage,lpDIBBits.m_lpBMIH->biBitCount);
    for(int i = iTempMY; i < lHeight - iTempH + iTempMY + 1; i++)
    for(int j = iTempMX; j < lWidth - iTempW + iTempMX + 1; j++)
    {
          RGBQUAD color;
          float fResult = 0;
          for (int k = 0; k < iTempH; k++)
          for (int l = 0; l < iTempW; l++)
          {
                color = lpDIBBits.GetPixel(j - iTempMX + l,i - iTempMY + k);
                fResult += color.rgbRed * fpArray[k * iTempW + l];
                    // 保存像素值
          }
          fResult *= fCoef;                         // 乘系数
          fResult = fabs(fResult);                  // 取绝对值
          if(fResult > 255)
          {
               color.rgbGreen = 255;
               color.rgbRed   = 255;
               color.rgbBlue  = 255;
               newbmp.WritePixel(j, i,color);
          }
          else
          {
               color.rgbGreen = (unsigned char) (fResult + 0.5);
               color.rgbRed   = (unsigned char) (fResult + 0.5);
               color.rgbBlue  = (unsigned char) (fResult + 0.5);
               newbmp.WritePixel(j, i,color);
          }
    }
    // 复制变换后的图像
    lpDIBBits.CopyDib(&newbmp);
}
```

10. 图像空域锐化 Sobel 算法

已知：一个图像类对象 mybmp。

结果：锐化的结果为 newbmp。

```
CDib mybmp,newbmp;
void CImageprocessView::OnSobel()
{
    CSize sizeimage;
    sizeimage=mybmp.GetDimensions();              //获取图像尺度信息
    newbmp.CreateCDib(sizeimage,mybmp.m_lpBMIH->biBitCount);
    CDib tmpbmp1;
    tmpbmp1.CreateCDib(sizeimage,mybmp.m_lpBMIH->biBitCount);
```

```
    tmpbmp1.CopyDib(&mybmp);
    CDib tmpbmp2;
    tmpbmp2.CreateCDib(sizeimage,mybmp.m_lpBMIH->biBitCount);
    tmpbmp2.CopyDib(&mybmp);
    long i,j;                                       // 循环变量
    int          iTempH;                            // 模板高度
    int          iTempW;                            // 模板宽度
    FLOAT fTempC;                                   // 模板系数
    int          iTempMX;                           // 模板中心元素 X 坐标
    int          iTempMY;                           // 模板中心元素 Y 坐标
    FLOAT aTemplate[9];                             // 模板数组

    // 设置 Prewitt 模板参数
    iTempW = 3;
    iTempH = 3;
    fTempC = 1.0;
    iTempMX = 1;
    iTempMY = 1;
    aTemplate[0] = -1.0;    aTemplate[1] = -2.0;    aTemplate[2] = -1.0;
    aTemplate[3] = 0.0;     aTemplate[4] = 0.0;     aTemplate[5] = 0.0;
    aTemplate[6] = 1.0;     aTemplate[7] = 2.0;     aTemplate[8] = 1.0;
    Template(tmpbmp1, sizeimage.cx, sizeimage.cy,iTempH, iTempW, iTempMX,
        iTempMY, aTemplate, fTempC);
    // 设置模板参数
    aTemplate[0] = -1.0;    aTemplate[1] = 0.0;     aTemplate[2] = 1.0;
    aTemplate[3] = -2.0;    aTemplate[4] = 0.0;     aTemplate[5] = 2.0;
    aTemplate[6] = -1.0;    aTemplate[7] = 0.0;     aTemplate[8] = 1.0;
    Template(tmpbmp2, sizeimage.cx, sizeimage.cy, iTempH, iTempW, iTempMX,
        iTempMY, aTemplate, fTempC);
//求两幅缓存图像的最大值
for(j = 0; j <sizeimage.cy; j++)
for(i = 0;i <sizeimage.cx-1; i++)
   {
     RGBQUAD color,color1,color2;
     color1 = tmpbmp1.GetPixel(i,j);
     color2 = tmpbmp2.GetPixel(i,j);
     if(color2.rgbRed > color1.rgbRed)
          color = color2;
     else
          color = color1;
     newbmp.WritePixel(i, j,color);
     }
   Invalidate();
}
```

11. 图像空域锐化拉普拉斯算法

已知：一个图像类对象 mybmp。

结果：锐化的结果为 newbmp。

```
CDib mybmp,newbmp;
//拉普拉斯算子
void CImageprocessView::OnLaplacian()
{
    CSize sizeimage;
    sizeimage=mybmp.GetDimensions();            //获取图像尺度信息
    newbmp.CreateCDib(sizeimage,mybmp.m_lpBMIH->biBitCount);
    int           iTempH;                       // 模板高度
    int           iTempW;                       // 模板宽度
    FLOAT  fTempC;                              // 模板系数
    int           iTempMX;                      // 模板中心元素 X 坐标
    int           iTempMY;                      // 模板中心元素 Y 坐标
    FLOAT  aValue[9];                           // 模板元素数组

    // 设置模板参数
    iTempW = 3;
    iTempH = 3;
    fTempC = 1.0;
    iTempMX = 1;
    iTempMY = 1;
    aValue[0] = -1.0;   aValue[1] = -1.0;   aValue[2] = -1.0;
    aValue[3] = -1.0;   aValue[4] =  9.0;   aValue[5] = -1.0;
    aValue[6] = -1.0;   aValue[7] = -1.0;   aValue[8] = -1.0;
    Template(mybmp, sizeimage.cx, sizeimage.cy,iTempH, iTempW, iTempMX,
        iTempMY, aValue, fTempC);
    newbmp.CopyDib(&mybmp);
    Invalidate();
}
```

12. 图像空域锐化 LOG 算法

已知：一个图像类对象 mybmp。

结果：锐化的结果为 newbmp。

```
CDib mybmp,newbmp;
void CImageprocessView::OnGaussLaplacian()
{
    CSize sizeimage;
    sizeimage=mybmp.GetDimensions();    //获取图像尺度信息
    newbmp.CreateCDib(sizeimage,mybmp.m_lpBMIH->biBitCount);
    long i,j;                           // 循环变量
    int           iTempH;               // 模板高度
    int           iTempW;               // 模板宽度
    FLOAT  fTempC;                      // 模板系数
    int           iTempMX;              // 模板中心元素 X 坐标
    int           iTempMY;              // 模板中心元素 Y 坐标
    FLOAT aTemplate[25];                // 模板数组

    // 设置模板参数
```

```
    iTempW = 5;  iTempH = 5;   fTempC = 1.0;
    iTempMX = 3; iTempMY = 3;
    aTemplate[0] = -2.0; aTemplate[1] = -4.0;  aTemplate[2] = -4.0;
    aTemplate[3] = -4.0; aTemplate[4] = -2.0;  aTemplate[5] = -4.0;
    aTemplate[6] = 0.0;  aTemplate[7] = 8.0;   aTemplate[8] = 0.0;
    aTemplate[9] = -4.0; aTemplate[10] = -4.0; aTemplate[11] = 8.0;
    aTemplate[12] = 24.0;aTemplate[13] = 8.0;  aTemplate[14] = -4.0;
    aTemplate[15] = -4.0;aTemplate[16] = 0.0;  aTemplate[17] = 8.0;
    aTemplate[18] = 0.0; aTemplate[19] = -4.0; aTemplate[20] = -2.0;
    aTemplate[21] = -4.0;aTemplate[22] = -4.0; aTemplate[23] = -4.0;
    aTemplate[24] = -2.0;
    Template(mybmp, sizeimage.cx, sizeimage.cy,iTempH, iTempW, iTempMX,
        iTempMY, aTemplate, fTempC);
    newbmp.CopyDib(&mybmp);
    Invalidate();
}
```

13. 频域理想低通滤波器

傅里叶变换的函数定义如下：

```
void CImageprocessView::fourier(double * data, int height, int width, int
    type);
// 二维傅里叶变换函数 height、width 分别表示图像的高度和宽度
// type 为变换参数。type 为 1 时，为傅里叶变换；type 为 -1 时，为傅里叶反变换
```

在图像的傅里叶变换的 CDib 类实现中，调用了以下三个函数：

```
void Initialize();        //初始化函数
void FFT(complex<float> * TD, complex<float> * FD, int r); //傅里叶变换
void PostProsse();        //计算频谱并进行后处理
```

算法名称：图像傅里叶变换的 CDib 类实现方法。

已知：一个图像类对象 mybmp。

结果：傅里叶变换的结果为 newbmp。

```
void CImageprocessView:: OnDFT()
{
    Initialize();
    for(m = 0; m < newheight; m++)
     FFT(&TD[newwidth * m], &FD[newwidth * m], wp);
        // 对 y 方向进行快速傅里叶变换
    // 保存变换结果
    for(m = 0; m < newheight; m++)
    for(n = 0; n < newwidth; n++)
          TD[m + newheight * n] = FD[n + newwidth * m];

    for(m = 0; m < newwidth; m++)
     FFT(&TD[m * newheight], &FD[m * newheight], hp);
```

```
        // 对 x 方向进行快速傅里叶变换
    PostProsse();
}
void CImageprocessView::FFT(complex<float> * TD, complex<float> * FD, int r)
{
    long  count;                            // 傅里叶变换点数
    int          m,n,k;                     // 循环变量
    int          bfsize,p;
    float angle;                            // 角度
    complex<float> *W,*XX1,*XX2,*XX;
    count = 1 << r;                         // 计算傅里叶变换点数
    // 分配运算所需存储器
    W  = new complex<float>[count / 2];
    XX1 = new complex<float>[count];
    XX2 = new complex<float>[count];
    // 计算加权系数
    for(m = 0; m < count / 2; m++)
    {
    angle = -m * 3.1415936 * 2 / count;
    W[m] = complex<float> (cos(angle), sin(angle));
    }

    // 将时域点写入 XX1
    memcpy(XX1, TD, sizeof(complex<float>) * count);

    // 采用蝶形算法进行快速傅里叶变换
    for(k = 0; k < r; k++)
    for(n = 0; n < 1 << k; n++)
    {
    bfsize = 1 << (r-k);
    for(m = 0; m < bfsize / 2; m++)
    {
        p = n * bfsize;
        XX2[m + p] = XX1[m + p] + XX1[m + p + bfsize / 2];
        XX2[m + p + bfsize / 2] = (XX1[m + p] - X1[m + p + bfsize / 2])* W[m *
            (1<<k)];
    }
    XX = XX1;
    XX1 = XX2;
    XX2 = XX;
    }
    // 重新排序
    for(n = 0; n < count; n++)
    {
     p = 0;
    for(m = 0; m < r; m++)
         if (n&(1<<m))
              p+=1<<(r-m-1);
     FD[n]=XX1[p];
```

```
    }
    delete W;
    delete XX1;
    delete XX2;
}
void  CImageprocessView::PostProsse()
{
    for(m = 0; m < newheight; m++)
    for(n = 0; n < newwidth; n++)
     {
          // 计算频谱
          dTemp = sqrt(FD[n *  newheight  +  m].real()*FD[n  *  newheight  +
                            m].real() +
                         FD[n * newheight + m].imag() * FD[n * newheight +
                            m].imag()) / 100;
          if (dTemp > 255)
              dTemp = 255;
          RGBQUAD color;
          color.rgbBlue = dTemp;
          color.rgbGreen = dTemp;
          color.rgbRed = dTemp;

          newbmp.WritePixel(n<newwidth/2  ?  n+newwidth/2  :  n-newwidth/2,
              m<newheight/2 ? m+newheight/2 : m-newheight/2, color);
     }
     delete TD;
     delete FD;
     Invalidate();
}
```

频域理想低通滤波器实现如下：

已知：一个图像类对象 mybmp。

结果：低通滤波的结果为 newbmp。

```
CDib mybmp,newbmp;
void CImageprocessView::OnPerfectLowFilter()
{
    CSize sizeimage;
    sizeimage=mybmp.GetDimensions();  //获取图像尺度信息
    newbmp.CreateCDib(sizeimage,mybmp.m_lpBMIH->biBitCount);
    int u =10;
    int v =20;
    int width = sizeimage.cx,height = sizeimage.cy;//原图像的宽度和高度
    int i,j;
    double d0,max=0.0;//中间变量
    double *t,*H;
    t=new double [height*width*2+1];//分配存储器空间
    H=new double [height*width*2+1];
```

```
    d0=sqrt(u*u+v*v);// 计算 d0
    for(j=0;j<height;j++)
    for(i=0;i<width;i++)
    {
          RGBQUAD color;
          color = mybmp.GetPixel(i,j);
          t[(2*width)*j+2*i+1]=color.rgbRed;// 给时域赋值
          t[(2*width)*j+2*i+2]=0.0;
          if((sqrt(i*i+j*j))<=d0)
                H[2*i+(2*width)*j+1]=1.0;
          else
                H[2*i+(2*width)*j+1]=0.0;
          H[2*i+(2*width)*j+2]=0.0;
    }
     fourier(t,height,width,1);   // 傅里叶变换
     for(j=1;j<height*width*2;j+=2)
     {
          t[j]=t[j]*H[j]-t[j+1]*H[j+1];
          t[j+1]=t[j]*H[j+1]+t[j+1]*H[j];
     }
     fourier(t,height,width,-1);   // 傅里叶反变换
     for(j=0;j<height;j++)
     for(i=0;i<width;i++)
     {
          t[(2*width)*j+2*i+1]=sqrt(t[(2*width)*j+2*i+1]*t[(2*width)*j+2*
                                          i+1]
                                         +t[(2*width)*j+2*i+2]*t[(2*width)*j+2*
                                          i+2]);
          if(max<t[(2*width)*j+2*i+1])
             max=t[(2*width)*j+2*i+1];
     }
     for(j=0;j<height;j++)
     for(i=0;i<width;i++)
     {
          RGBQUAD color;
          color.rgbBlue  = t[(2*width)*j+2*i+1]*255.0/max;
          color.rgbGreen = t[(2*width)*j+2*i+1]*255.0/max;
          color.rgbRed   = t[(2*width)*j+2*i+1]*255.0/max;
          newbmp.WritePixel(i, j,color);
     }
     delete t;
     delete H;
     Invalidate();
}
```

14. 巴特沃斯低通滤波器

已知：一个图像类对象 mybmp。

结果：低通滤波的结果为 newbmp。

```
CDib mybmp,newbmp;
void CImageprocessView::OnButterworthlow()
{
    CSize sizeimage;
    sizeimage=mybmp.GetDimensions();  //获取图像尺度信息
    newbmp.CreateCDib(sizeimage,mybmp.m_lpBMIH->biBitCount);
    int u =10;
    int v =20;
    int n =3;   //阶数，假设为3
    int width = sizeimage.cx,height = sizeimage.cy;//原图像的宽度和高度
    int i,j;
    double max=0.0,d0,d;//中间变量
    double *t,*H;

    t=new double [height*width*2+1];//分配存储器空间
    H=new double [height*width*2+1];
    d0=sqrt(u*u+v*v);//计算d0
    for(j=0;j<height;j++)
    for(i=0;i<width;i++)
    {
          RGBQUAD color;
          color = mybmp.GetPixel(i,j);
          t[(2*width)*j+2*i+1]=color.rgbRed;//给时域赋值
          t[(2*width)*j+2*i+2]=0.0;
          d=sqrt(i*i+j*j);
          H[2*i+(2*width)*j+1]=1/(1+(sqrt(2)-1)*pow((d/d0),(2*n)));
          H[2*i+(2*width)*j+2]=0.0;
    }
    fourier(t,height,width,1);
    for(j=1;j<height*width*2;j+=2)
    {
          t[j]=t[j]*H[j]-t[j+1]*H[j+1];
          t[j+1]=t[j]*H[j+1]+t[j+1]*H[j];
    }
    fourier(t,height,width,-1);
    for(j=0;j<height;j++)
    for(i=0;i<width;i++)
     {
          t[(2*width)*j+2*i+1]=sqrt(t[(2*width)*j+2*i+1]*t[(2*width)*j+2*
                                     i+1]
                                    +t[(2*width)*j+2*i+2]*t[(2*width)*j+2*
                                     i+2]);
          if(max<t[(2*width)*j+2*i+1])
             max=t[(2*width)*j+2*i+1];
     }
     for(j=0;j<height;j++)
     for(i=0;i<width;i++)
     {
          RGBQUAD color;
```

```
            color.rgbBlue    =  t[(2*width)*j+2*i+1]*255.0/max;
            color.rgbGreen   =  t[(2*width)*j+2*i+1]*255.0/max;
            color.rgbRed     =  t[(2*width)*j+2*i+1]*255.0/max;
            newbmp.WritePixel(i, j,color);
        }
        delete t; delete H;
        Invalidate();
}
```

15. 高斯低通滤波器

已知：一个图像类对象 mybmp。

结果：低通滤波的结果为 newbmp。

```
CDib mybmp,newbmp;
void CImageprocessView::OnGaussLowFilter()
{
    CSize sizeimage;
    sizeimage=mybmp.GetDimensions();  //获取图像尺度信息
    newbmp.CreateCDib(sizeimage,mybmp.m_lpBMIH->biBitCount);
    int u =10;
    int v =20;
    int width = sizeimage.cx,height = sizeimage.cy;//原图像的宽度和高度
    int i,j;
    double d0,max=0.0;//中间变量
    double *t,*H;
    t=new double [height*width*2+1];//分配存储器空间
    H=new double [height*width*2+1];
    d0=sqrt(u*u+v*v);//计算 d0
    for(j=0;j<height;j++)
    for(i=0;i<width;i++)
    {
          RGBQUAD color;
          color = mybmp.GetPixel(i,j);
          t[(2*width)*j+2*i+1]=color.rgbRed;//给时域赋值
          t[(2*width)*j+2*i+2]=0.0;
          double d2=i*i+j*j;
          H[2*i+(2*width)*j+1]=exp(-d2/(2*d0)/(2*d0));
          H[2*i+(2*width)*j+2]=0.0;
    }
    fourier(t,height,width,1);
    for(j=1;j<height*width*2;j+=2)
    {
          t[j]=t[j]*H[j]-t[j+1]*H[j+1];
          t[j+1]=t[j]*H[j+1]+t[j+1]*H[j];
    }
    fourier(t,height,width,-1);
    for(j=0;j<height;j++)
    for(i=0;i<width;i++)
```

```
    {
          t[(2*width)*j+2*i+1]=sqrt(t[(2*width)*j+2*i+1]*t[(2*width)*j+2*
              i+1]
                                  +t[(2*width)*j+2*i+2]*t[(2*width)*j+2*
                                      i+2]);
          if(max<t[(2*width)*j+2*i+1])
               max=t[(2*width)*j+2*i+1];
    }
    for(j=0;j<height;j++)
    for(i=0;i<width;i++)
    {
          RGBQUAD color;
          color.rgbBlue  = t[(2*width)*j+2*i+1]*255.0/max;
          color.rgbGreen = t[(2*width)*j+2*i+1]*255.0/max;
          color.rgbRed   = t[(2*width)*j+2*i+1]*255.0/max;
          newbmp.WritePixel(i, j,color);
    }
    delete t; delete H;
    Invalidate();
}
```

16. 指数低通滤波器

已知：一个图像类对象 mybmp。

结果：低通滤波的结果为 newbmp。

```
CDib mybmp,newbmp;
void CImageprocessView::OnZl()
{
    CSize sizeimage;
    sizeimage=mybmp.GetDimensions();  //获取图像尺度信息
    newbmp.CreateCDib(sizeimage,mybmp.m_lpBMIH->biBitCount);
    int u =10;
    int v =20;
    int n =3;    //阶数，假设为3
    int width = sizeimage.cx,height = sizeimage.cy;//原图像的宽度和高度
    int i,j;
    double max=0.0,d0,d;//中间变量
    double *t,*H;
    t=new double [height*width*2+1];//分配存储器空间
    H=new double [height*width*2+1];
    d0=sqrt(u*u+v*v);//计算d0
    for(j=0;j<height;j++)
    for(i=0;i<width;i++)
    {
          RGBQUAD color;
          color = mybmp.GetPixel(i,j);

          t[(2*width)*j+2*i+1]=color.rgbRed;//给时域赋值
```

```
            t[(2*width)*j+2*i+2]=0.0;
            d=sqrt(i*i+j*j);
            H[2*i+(2*width)*j+1]=exp(-pow((d/d0),n));
            H[2*i+(2*width)*j+2]=0.0;
    }
    fourier(t,height,width,1);
    for(j=1;j<height*width*2;j+=2)
    {
     t[j]=t[j]*H[j]-t[j+1]*H[j+1];
     t[j+1]=t[j]*H[j+1]+t[j+1]*H[j];
    }
    fourier(t,height,width,-1);
    for(j=0;j<height;j++)
    for(i=0;i<width;i++)
     {
            t[(2*width)*j+2*i+1]=sqrt(t[(2*width)*j+2*i+1]*t[(2*width)*j+2*
                                 i+1]
                                +t[(2*width)*j+2*i+2]*t[(2*width)*j+2*
                                 i+2]);
            if(max<t[(2*width)*j+2*i+1])
               max=t[(2*width)*j+2*i+1];
     }
     for(j=0;j<height;j++)
     for(i=0;i<width;i++)
      {
             RGBQUAD color;
             color.rgbBlue  = t[(2*width)*j+2*i+1]*255.0/max;
             color.rgbGreen = t[(2*width)*j+2*i+1]*255.0/max;
             color.rgbRed   = t[(2*width)*j+2*i+1]*255.0/max;
             newbmp.WritePixel(i, j,color);
     }
     delete t; delete H;
     Invalidate();
}
```

17. 梯形低通滤波器

已知：一个图像类对象 mybmp。

结果：低通滤波的结果为 newbmp。

```
CDib mybmp,newbmp;
void CImageprocessView::OnTl()
{
    CSize sizeimage;
    sizeimage=mybmp.GetDimensions();  //获取图像尺度信息
    newbmp.CreateCDib(sizeimage,mybmp.m_lpBMIH->biBitCount);
    int u =10;
    int v =20;
    int u1 =70;
```

```
int v1 = 90;
int i,j;
double max=0.0,d0,d,d1;// 中间变量
double *t,*H;
t= new double[height*width*2+1];// 分配存储器空间
H= new double[height*width*2+1];
d0=sqrt(u*u+v*v);// 计算 d0
d1=sqrt(u1*u1+v1*v1);
for(j=0;j<height;j++)
for(i=0;i<width;i++)
{
      RGBQUAD color;
      color = mybmp.GetPixel(i,j);
      t[(2*width)*j+2*i+1]=color.rgbRed;// 给时域赋值
      t[(2*width)*j+2*i+2]=0.0;
      d=sqrt(i*i+j*j);
      if(d<d0)
      {
           H[2*i+(2*width)*j+1]=1;
           H[2*i+(2*width)*j+2]=0.0;
      }
      if(d>d1)
      {
           H[2*i+(2*width)*j+1]=0.0;
           H[2*i+(2*width)*j+2]=0.0;
      }
      else
      {
           H[2*i+(2*width)*j+1]=(d-d1)/(d0-d1);
           H[2*i+(2*width)*j+2]=0.0;
      }
}
fourier(t,height,width,1);
for(j=1;j<height*width*2;j+=2)
{
      t[j]=t[j]*H[j]-t[j+1]*H[j+1];
      t[j+1]=t[j]*H[j+1]+t[j+1]*H[j];
}
fourier(t,height,width,-1);
for(j=0;j<height;j++)
for(i=0;i<width;i++)
{
      t[(2*width)*j+2*i+1]=sqrt(t[(2*width)*j+2*i+1]*t[(2*width)*j+2*
                                 i+1]
                                +t[(2*width)*j+2*i+2]*t[(2*width)*j+2*
                                 i+2]);
      if(max<t[(2*width)*j+2*i+1])
         max=t[(2*width)*j+2*i+1];
}
```

```
    for(j=0;j<height;j++)
    for(i=0;i<width;i++)
    {
          RGBQUAD color;
          color.rgbBlue = t[(2*width)*j+2*i+1]*255.0/max;
          color.rgbGreen = t[(2*width)*j+2*i+1]*255.0/max;
          color.rgbRed   = t[(2*width)*j+2*i+1]*255.0/max;
          newbmp.WritePixel(i, j,color);
    }
    delete t; delete H;
    Invalidate();
}
```

18. 理想高通滤波器

已知：一个图像类对象 mybmp。

结果：高通滤波的结果为 newbmp。

```
CDib mybmp,newbmp;
void CImageprocessView::OnPerfectHighFilter()
{
    CSize sizeimage;
    sizeimage=mybmp.GetDimensions();  //获取图像尺度信息
    newbmp.CreateCDib(sizeimage,mybmp.m_lpBMIH->biBitCount);
    int u =10;  //以此参数为例
    int v =20;
    int width = sizeimage.cx,height = sizeimage.cy;//原图像的宽度和高度
    int i,j;
    double d0,max=0.0;//中间变量
    double *t,*H;
    t=new double [height*width*2+1];  //分配存储器空间
    H=new double [height*width*2+1];
    d0=sqrt(u*u+v*v);   //计算截止频率d0
    for(j=0;j<height;j++)
    for(i=0;i<width;i++)
    {
        RGBQUAD color;
        color = mybmp.GetPixel(i,j);
         t[(2*width)*j+2*i+1]=color.rgbRed;   //给时域赋值
         t[(2*width)*j+2*i+2]=0.0;
        if((sqrt(i*i+j*j))<=d0)
             H[2*i+(2*width)*j+1]=0.0;
        else
             H[2*i+(2*width)*j+1]=1.0;
        H[2*i+(2*width)*j+2]=0.0;
    }
    fourier(t,height,width,1);   //傅里叶变换，前面已经阐述
    for(j=1;j<height*width*2;j+=2)
    {
```

```
            t[j]=t[j]*H[j]-t[j+1]*H[j+1];
            t[j+1]=t[j]*H[j+1]+t[j+1]*H[j];
    }
    fourier(t,height,width,-1);  //傅里反叶变换
    for(j=0;j<height;j++)
            for(i=0;i<width;i++)
    {
            t[(2*width)*j+2*i+1]=sqrt(t[(2*width)*j+2*i+1]*t[(2*width)*j+2*
                                      i+1]
                                     +t[(2*width)*j+2*i+2]*t[(2*width)*j+2*
                                      i+2]);
            if(max<t[(2*width)*j+2*i+1])
               max=t[(2*width)*j+2*i+1];
    }
    for(j=0;j<height;j++)
    for(i=0;i<width;i++)
    {
            RGBQUAD color;
            color.rgbBlue  = t[(2*width)*j+2*i+1]*255.0/max;
            color.rgbGreen = t[(2*width)*j+2*i+1]*255.0/max;
            color.rgbRed   = t[(2*width)*j+2*i+1]*255.0/max;
            newbmp.WritePixel(i, j,color);
    }
    delete t; delete H;
    Invalidate();
}
```

19. 巴特沃斯高通滤波器

已知：一个图像类对象 mybmp。

结果：高通滤波的结果为 newbmp。

```
CDib mybmp,newbmp;
void CImageprocessView::OnButterworthhigh()
{
    CSize sizeimage;
    sizeimage=mybmp.GetDimensions();  //获取图像尺度信息
    newbmp.CreateCDib(sizeimage,mybmp.m_lpBMIH->biBitCount);
    int u =10; //以此参数为例
    int v =20;
    int n =3;   //阶数，假设为3
    int width = sizeimage.cx,height = sizeimage.cy;//原图像的宽度和高度
    int i,j;
    double max=0.0,d0,d;//中间变量
    double *t,*H;
    t=new double [height*width*2+1];     //分配存储器空间
    H=new double [height*width*2+1];
    d0=sqrt(u*u+v*v);   //计算截止频率d0
    for(j=0;j<height;j++)
```

```
    for(i=0;i<width;i++)
     {
          RGBQUAD color;
          color = mybmp.GetPixel(i,j);
          t[(2*width)*j+2*i+1]=color.rgbRed;// 给时域赋值
          t[(2*width)*j+2*i+2]=0.0;
          d=sqrt(i*i+j*j);
          H[2*i+(2*width)*j+1]=1/(1+(sqrt(2)-1)*pow((d0/d),(2*n)));
          H[2*i+(2*width)*j+2]=0.0;
    }
    fourier(t,height,width,1);    // 傅里叶变换
    for(j=1;j<height*width*2;j+=2)
    {
          t[j]=t[j]*H[j]-t[j+1]*H[j+1];
          t[j+1]=t[j]*H[j+1]+t[j+1]*H[j];
    }
    fourier(t,height,width,-1);    // 傅里叶反变换
    for(j=0;j<height;j++)
    for(i=0;i<width;i++)
    {
        t[(2*width)*j+2*i+1]=sqrt(t[(2*width)*j+2*i+1]*t[(2*width)*j+2*
                                  i+1]
                                 +t[(2*width)*j+2*i+2]*t[(2*width)*j+2*
                                  i+2]);
         if(max<t[(2*width)*j+2*i+1])
            max=t[(2*width)*j+2*i+1];
    }
    for(j=0;j<height;j++)
    for(i=0;i<width;i++)
    {
         RGBQUAD color;
         color.rgbBlue  = t[(2*width)*j+2*i+1]*255.0/max;
         color.rgbGreen = t[(2*width)*j+2*i+1]*255.0/max;
         color.rgbRed   = t[(2*width)*j+2*i+1]*255.0/max;
         newbmp.WritePixel(i, j,color);
    }
    delete t; delete H;
    Invalidate();
}
```

20. 高斯高通滤波器

已知：一个图像类对象 mybmp。

结果：高通滤波的结果为 newbmp。

```
CDib mybmp,newbmp;
void CImageprocessView::OnGaussHighFilter()
{
    CSize sizeimage;
```

```
sizeimage=mybmp.GetDimensions();  //获取图像尺度信息
newbmp.CreateCDib(sizeimage,mybmp.m_lpBMIH->biBitCount);
int u =10; //以此参数为例
int v =20;
int width = sizeimage.cx,height = sizeimage.cy; //原图像的宽度和高度
int i,j;
double d0,max=0.0;  //中间变量
double *t,*H;
t=new double [height*width*2+1]; //分配存储器空间
H=new double [height*width*2+1];
d0=u*u+v*v;   //计算截止频率 d0
for(j=0;j<height;j++)
for(i=0;i<width;i++)
{
    RGBQUAD color;
    color = mybmp.GetPixel(i,j);
    t[(2*width)*j+2*i+1]=color.rgbRed;//给时域赋值
    t[(2*width)*j+2*i+2]=0.0;
    double d2=i*i+j*j;
    H[2*i+(2*width)*j+1]=exp(-d0/(4*d2));
    H[2*i+(2*width)*j+2]=0.0;
}
fourier(t,height,width,1);  //傅里叶变换
for(j=1;j<height*width*2;j+=2)
{
      t[j]=t[j]*H[j]-t[j+1]*H[j+1];
      t[j+1]=t[j]*H[j+1]+t[j+1]*H[j];
}
fourier(t,height,width,-1);  //傅里叶反变换
for(j=0;j<height;j++)
for(i=0;i<width;i++)
{
    t[(2*width)*j+2*i+1]=sqrt(t[(2*width)*j+2*i+1]*t[(2*width)*j+2*
                               i+1]
                              +t[(2*width)*j+2*i+2]*t[(2*width)*j+2*
                               i+2]);
    if(max<t[(2*width)*j+2*i+1])
       max=t[(2*width)*j+2*i+1];
}
for(j=0;j<height;j++)
for(i=0;i<width;i++)
{
      RGBQUAD color;
      color.rgbBlue  = t[(2*width)*j+2*i+1]*255.0/max;
      color.rgbGreen = t[(2*width)*j+2*i+1]*255.0/max;
      color.rgbRed   = t[(2*width)*j+2*i+1]*255.0/max;
      newbmp.WritePixel(i, j,color);
}
delete t; delete H;
```

```
    Invalidate();
}
```

21. 指数高通滤波器

已知：一个图像类对象 mybmp。

结果：高通滤波的结果为 newbmp。

```
CDib mybmp,newbmp;
void CImageprocessView::OnZh()
{
    CSize sizeimage;
    sizeimage=mybmp.GetDimensions();  //获取图像尺度信息
    newbmp.CreateCDib(sizeimage,mybmp.m_lpBMIH->biBitCount);
    int u =10;  //以此参数为例
    int v =20;
    int n =3;   //阶数，假设为 3
    int width = sizeimage.cx,height = sizeimage.cy;//原图像的宽度和高度
    int i,j;
    double max=0.0,d0,d;//中间变量
    double *t,*H;
    t=new double [height*width*2+1];//分配存储器空间
    H=new double [height*width*2+1];
    d0=sqrt(u*u+v*v);//计算截止频率 d0
    for(j=0;j<height;j++)
    for(i=0;i<width;i++)
    {
          RGBQUAD color;
          color = mybmp.GetPixel(i,j);

          t[(2*width)*j+2*i+1]=color.rgbRed;//给时域赋值
          t[(2*width)*j+2*i+2]=0.0;
          d=sqrt(i*i+j*j);
          H[2*i+(2*width)*j+1]=1-exp(-pow((d/d0),n));
          H[2*i+(2*width)*j+2]=0.0;
    }
    fourier(t,height,width,1);
    for(j=1;j<height*width*2;j+=2)
    {
        t[j]=t[j]*H[j]-t[j+1]*H[j+1];
        t[j+1]=t[j]*H[j+1]+t[j+1]*H[j];
    }
    fourier(t,height,width,-1);
    for(j=0;j<height;j++)
    for(i=0;i<width;i++)
    {
         t[(2*width)*j+2*i+1]=sqrt(t[(2*width)*j+2*i+1]*t[(2*width)*j+2*
                                      i+1]
                                     +t[(2*width)*j+2*i+2]*t[(2*width)*j+2*
                                      i+2]);
```

```
            if(max<t[(2*width)*j+2*i+1])
               max=t[(2*width)*j+2*i+1];
        }
       for(j=0;j<height;j++)
       for(i=0;i<width;i++)
     {
       RGBQUAD color;
       color.rgbBlue  = t[(2*width)*j+2*i+1]*255.0/max;
       color.rgbGreen = t[(2*width)*j+2*i+1]*255.0/max;
       color.rgbRed   = t[(2*width)*j+2*i+1]*255.0/max;
       newbmp.WritePixel(i, j,color);
     }
      delete t; delete H;
      Invalidate();
}
```

22. 梯形高通滤波器

已知：一个图像类对象 mybmp。

结果：高通滤波的结果为 newbmp。

```
CDib mybmp,newbmp;
void CImageprocessView::OnTh()
{
    CSize sizeimage;
    sizeimage=mybmp.GetDimensions();  //获取图像尺度信息
    newbmp.CreateCDib(sizeimage,mybmp.m_lpBMIH->biBitCount);
    int u =10; //以此参数为例
    int v =20;
    int u1 =70;
    int v1 = 90;
    int i,j;
    double max=0.0,d0,d,d1;//中间变量
    double *t,*H;
    t= new double[height*width*2+1];//分配存储器空间
    H= new double[height*width*2+1];
    d0=sqrt(u*u+v*v);     //计算截止频率 d0
    d1=sqrt(u1*u1+v1*v1);  //计算截止频率 d1

    for(j=0;j<height;j++)
    for(i=0;i<width;i++)
     {
          RGBQUAD color;
          color = mybmp.GetPixel(i,j);
          t[(2*width)*j+2*i+1]=color.rgbRed;//给时域赋值
          t[(2*width)*j+2*i+2]=0.0;
          d=sqrt(i*i+j*j);
          if(d<d1)
          {
```

```
            H[2*i+(2*width)*j+1]=0;
            H[2*i+(2*width)*j+2]=0.0;
        }
        if(d>d0)
        {
            H[2*i+(2*width)*j+1]=1.0;
            H[2*i+(2*width)*j+2]=0.0;
        }
        else
        {
            H[2*i+(2*width)*j+1]=(d-d1)/(d0-d1);
            H[2*i+(2*width)*j+2]=0.0;
        }
    }
    fourier(t,height,width,1);  //傅里叶变换
    for(j=1;j<height*width*2;j+=2)
    {
        t[j]=t[j]*H[j]-t[j+1]*H[j+1];
        t[j+1]=t[j]*H[j+1]+t[j+1]*H[j];
    }
    fourier(t,height,width,-1);  //傅里叶反变换

    for(j=0;j<height;j++)
    for(i=0;i<width;i++)
    {
        t[(2*width)*j+2*i+1]=sqrt(t[(2*width)*j+2*i+1]*t[(2*width)*j+2*
                             i+1]
                            +t[(2*width)*j+2*i+2]*t[(2*width)*j+2*
                             i+2]);
        if(max<t[(2*width)*j+2*i+1])
           max=t[(2*width)*j+2*i+1];
    }
    for(j=0;j<height;j++)
    for(i=0;i<width;i++)
    {
        RGBQUAD color;
        color.rgbBlue   = t[(2*width)*j+2*i+1]*255.0/max;
        color.rgbGreen  = t[(2*width)*j+2*i+1]*255.0/max;
        color.rgbRed    = t[(2*width)*j+2*i+1]*255.0/max;
        newbmp.WritePixel(i, j,color);
    }
    delete t; delete H;
    Invalidate();
}
```

A.3　图像复原

1. 图像逆滤波复原

已知：一个图像类对象 mybmp。

结果：复原结果为 newbmp。

```
CSize sizeimage;
LONG  lWidth,lHeight;
long i, j;
double tempre, tempim, a, b, c, d;
LONG  lW = 1, lH = 1; // 变换的宽度和高度
int  wp = 0, hp = 0;
complex<double> *TSrc,*TH;       // 时域数据
complex<double> *FSrc,*FH; // 频域数据
double MaxNum;     // 归一化因子
```

图像逆滤波复原实现时，调用以下函数：

```
void CImageprocessView::Initialize()
{
    sizeimage=mybmp.GetDimensions();  // 获取图像尺度信息
    newbmp.CreateCDib(sizeimage,mybmp.m_lpBMIH->biBitCount);
    // 图像的宽度和高度

    lWidth  = sizeimage.cx; lHeight = sizeimage.cy;

    // 宽度和高度为 2 的整数次方
    while(lW * 2 <= lWidth)
    {
          lW = lW * 2;
          wp++;
    }
    while(lH * 2 <= lHeight)
    {
          lH = lH * 2;
          hp++;
    }

    if(lW != (int) lWidth)
     return;
      if(lH != (int) lHeight)
     return;

    TSrc = new complex<double> [lHeight*lWidth];
    TH   = new complex<double> [lHeight*lWidth];
    FSrc = new complex<double> [lHeight*lWidth];
    FH   = new complex<double> [lHeight*lWidth];

    for (j = 0; j < lHeight; j++)
    for(i = 0; i < lWidth; i++)
    {
        RGBQUAD color;
        color = mybmp.GetPixel(i,j);
        TSrc[ lWidth*j + i ] = complex<double>((double)color.rgbBlue , 0);
```

```
            FSrc[ lWidth*j + i ] = complex<double>(0.0 , 0.0);
            if(i < 5 && j < 5)
                  TH[ lWidth*j + i ] = complex<double>(0.04 , 0.0);
            else
                  TH[ lWidth*j + i ] = complex<double>(0.0 , 0.0);
            FH[ lWidth*j + i ] = complex<double>(0.0 , 0.0);
            }
}
void CImageprocessView::OnInverseFilter()
{
      Initialize();
      // 对退化图像进行傅里叶变换
      DIBFFT_2D(TSrc, lWidth, lHeight, FSrc);

      // 对变换核图像进行傅里叶变换
      DIBFFT_2D(TH, lWidth, lHeight, FH);
      // 频域相除
      for (i = 0;i <lHeight*lWidth;i++)
      {
             a = FSrc[i].real();
             b = FSrc[i].imag();
             c = FH[i].real();
             d = FH[i].imag();

             if (c*c + d*d > 1e-3)
             {
                   tempre = ( a*c + b*d ) / ( c*c + d*d );
                   tempim = ( b*c - a*d ) / ( c*c + d*d );
             }
             FSrc[i]= complex<double>(tempre , tempim);
      }
      // 傅里叶反变换
      IFFT_2D(FSrc, TSrc, lWidth, lHeight);
      MaxNum=300; // 归一化因子
      // 转换为复原图像
      for (j = 0;j < lHeight ;j++)
      for(i = 0;i < lWidth ;i++)
      {
             RGBQUAD color;
             color.rgbBlue = (unsigned char) (TSrc[(lWidth)*j +
                 i].real()*255.0/MaxNum);
             color.rgbGreen = (unsigned char) (TSrc[(lWidth)*j +
                 i].real()*255.0/MaxNum);
             color.rgbRed = (unsigned char) (TSrc[(lWidth)*j +
                 i].real()*255.0/MaxNum); newbmp.WritePixel(i,j,color);
      }
      delete TSrc; delete TH; delete FSrc; delete FH;
      Invalidate();
}
```

2. 图像维纳滤波复原的 CDib 类实现方法

已知：一个图像类对象 mybmp。

结果：复原结果为 newbmp。

```
CSize sizeimage;
LONG    lWidth, lHeight;
long i,j;
//临时变量
double temp, tempre, tempim,
a, b, c, d, norm2;
LONG       lW = 1, lH = 1;        // 实际进行傅里叶变换的宽度和高度
int        wp = 0, hp = 0;
complex<double> *pCTSrc,*pCTH;   //用来存储原图像和变换核的时域数据
complex<double> *pCFSrc,*pCFH;   //用来存储原图像和变换核的频域数据
```

图像维纳滤波复原实现时调用以下初始化函数：

```
void CImageprocessView::Initialize()
{
    sizeimage=mybmp.GetDimensions();  //获取图像尺度信息
    newbmp.CreateCDib(sizeimage,mybmp.m_lpBMIH->biBitCount);
    lWidth  = sizeimage.cx;      lHeight = sizeimage.cy;
    //图像的宽度和高度
    //离散傅里叶变换的宽度和高度为 2 的整数次方
    while(lW * 2 <= lWidth)
    {
         lW = lW * 2;
         wp++;
    }

    while(lH * 2 <= lHeight)
    {
         lH = lH * 2;
         hp++;
    }

    //输入的退化图像的长和宽必须为 2 的整数倍
    if(lW != (int) lWidth)
          return;

    if(lH != (int) lHeight)
          return;

    // 为时域和频域的数组分配空间
    pCTSrc          = new complex<double> [lHeight*lWidth];
    pCTH            = new complex<double> [lHeight*lWidth];

    pCFSrc          = new complex<double> [lHeight*lWidth];
```

```
    pCFH          = new complex<double> [lHeight*lWidth];

    // 滤波器加权系数
    double *pCFFilter    = new double [lHeight*lWidth];

    for (j = 0;j < lHeight ;j++)
    for(i = 0;i < lWidth ;i++)
    {
           RGBQUAD color;
           color = mybmp.GetPixel(i,j);
           // 将像素值存储到时域数组中
           pCTSrc[ lWidth*j + i ] = complex<double>((double)color.rgbBlue ,
               0);
           // 频域赋零值
           pCFSrc[ lWidth*j + i ] = complex<double>(0.0 , 0.0);
           // 退化系统时域及维纳滤波加权系数赋值
           if(i < 5 && j <5)
           {
                 pCTH[ lWidth*j + i ] = complex<double>(0.04 , 0.0);
                 pCFFilter[ lWidth*j + i ] = 0.5;
           }
           else
           {
                 pCTH[ lWidth*j + i ] = complex<double>(0.0 , 0.0);
                 pCFFilter[ lWidth*j + i ] = 0.05;
           }

           // 频域赋零值
           pCFH[ lWidth*j + i ] = complex<double>(0.0 , 0.0);
    }
}
void CImageprocessView::OnRestoreWinner()
{
     Initialize ();

     //对退化图像进行傅里叶变换
     DIBFFT_2D(pCTSrc, lWidth, lHeight, pCFSrc);
     //对变换核图像进行傅里叶变换
     DIBFFT_2D(pCTH, lWidth, lHeight, pCFH);
     // 计算M
     for (i = 0; i < lHeight * lWidth; i++)
     {
           // 赋值
           a = pCFSrc[i].real();
           b = pCFSrc[i].imag();
           c = pCFH[i].real();
           d = pCFH[i].imag();
           norm2 = c * c + d * d; // |H(u,v)|*|H(u,v)|
           temp = (norm2 ) / (norm2 + pCFFilter[i]); // |H(u,v)|*|H(u,v)|/
```

```
            (|H(u,v)|*|H(u,v)|+a)
        tempre = ( a*c + b*d ) / ( c*c + d*d );
        tempim = ( b*c - a*d ) / ( c*c + d*d );
        pCFSrc[i]= complex<double>(temp*tempre , temp*tempim);
            // 求得 f(u,v)
    }
    IFFT_2D(pCFSrc, pCTSrc, lWidth, lHeight); //傅里叶反变换
    //转换为复原图像
    for (j = 0;j < lHeight ;j++)
    for(i = 0;i < lWidth ;i++)
    {
        a = pCTSrc[(lWidth)*j + i].real();
        b = pCTSrc[(lWidth)*j + i].imag();
        norm2  = a*a + b*b;
        norm2  = sqrt(norm2) + 40;
        if(norm2 > 255)
            norm2 = 255.0;
        if(norm2 < 0)
            norm2 = 0;
        RGBQUAD color;
        color.rgbBlue = norm2 ;
        color.rgbGreen = norm2 ;
        color.rgbRed = norm2 ;
        newbmp.WritePixel(i,j,color);
    }
    //释放存储空间
    delete pCTSrc; delete pCTH; delete pCFSrc;
    delete pCFH; delete pCFFilter;
    Invalidate();
}
```

A.4 彩色图像处理

1. 彩色图像的逆反处理

已知：一个图像类对象 mybmp。

结果：逆反结果为 newbmp。

```
CDib mybmp,newbmp;
void CImageprocessView::OnReverse()
{
    CSize sizeimage;
    sizeimage=mybmp.GetDimensions();  //获取图像尺度信息
    newbmp.CreateCDib(sizeimage,mybmp.m_lpBMIH->biBitCount);
    for(int x = 0; x < sizeimage.cx; x++)
    for(int y = 0; y < sizeimage.cy; y++)
    {
        RGBQUAD color;
```

```
            color = mybmp.GetPixel(x,y);
            color.rgbBlue  = 255 - color.rgbBlue;
            color.rgbGreen = 255 - color.rgbGreen;
            color.rgbRed   = 255 - color.rgbRed;
            newbmp.WritePixel(x, y,color);
    }
    Invalidate();
}
```

2. 彩色图像的马赛克处理

已知：一个图像类对象 mybmp。

结果：处理结果为 newbmp。

```
CDib mybmp,newbmp;
//马赛克
void CImageprocessView::OnMosaic()
{
    CSize sizeimage;
    sizeimage=mybmp.GetDimensions();  //获取图像尺度信息
    newbmp.CreateCDib(sizeimage,mybmp.m_lpBMIH->biBitCount);

    for(int x = 1; x < sizeimage.cx-1; x+=3)
    for(int y = 1; y < sizeimage.cy-1; y+=3)
    {
            RGBQUAD color;
            color = mybmp.GetPixel(x,y);
            int r = 0, g = 0, b = 0, num = 0;
            for(int m1 = -1; m1 <= 1; m1++)
            for(int m2 = -1; m2 <= 2; m2++)
            {
                 if( x + m1 >= sizeimage.cx || x+m1 < 0 || y + m2 >=
                     sizeimage.cy
                 || y+m2 < 0)
                     continue;
                 num++;
                 RGBQUAD color1;
                 color1 = mybmp.GetPixel(x+m1,y+m2);
                 r += color1.rgbRed;
                 g += color1.rgbGreen;
                 b += color1.rgbBlue;
            }
            color.rgbRed   = (unsigned char) (r*1.0/num);
            color.rgbGreen = (unsigned char) (g*1.0/num);
            color.rgbBlue  = (unsigned char) (b*1.0/num);
            for(m1 = -1; m1 <= 1; m1++)
            for(int m2 = -1; m2 <= 2; m2++)
                 newbmp.WritePixel(x+m1, y+m2,color);
    }
```

```
    Invalidate();
}
```

3. 彩色图像的浮雕处理

已知：一个图像类对象 mybmp。

结果：处理结果为 newbmp。

```
CDib mybmp,newbmp;
//浮雕
void CImageprocessView::OnEmbossment()
{
    CSize sizeimage;
    sizeimage=mybmp.GetDimensions();  //获取图像尺度信息
    newbmp.CreateCDib(sizeimage,mybmp.m_lpBMIH->biBitCount);
    for(int x = 1; x < sizeimage.cx; x++)
    for(int y = 1; y < sizeimage.cy; y++)
    {
          RGBQUAD color;
          color = mybmp.GetPixel(x,y);
          RGBQUAD color1;
          color1 = mybmp.GetPixel(x-1,y);
          //G(i,j)= f(i,j)- f(i-1,j)+常量
          color.rgbBlue  = color.rgbBlue - color1.rgbBlue + 128;
          color.rgbGreen = color.rgbGreen - color1.rgbGreen + 128;
          color.rgbRed   = color.rgbRed - color1.rgbRed + 128;
          if( color.rgbBlue > 255) color.rgbBlue = 255;
          if( color.rgbBlue < 0 ) color.rgbBlue = 0;
          if( color.rgbGreen > 255) color.rgbGreen = 255;
          if( color.rgbGreen < 0 ) color.rgbGreen = 0;
          if( color.rgbRed > 255) color.rgbRed = 255;
          if( color.rgbRed < 0 ) color.rgbRed = 0;
          newbmp.WritePixel(x, y,color);
    }
    Invalidate();
}
```

4. 灰度图像的假彩色处理

已知：一个图像类对象 mybmp。

结果：处理结果为 newbmp。

```
CDib mybmp,newbmp;
void CImageprocessView::OnFade()
{
    CSize sizeimage;
    sizeimage=mybmp.GetDimensions();  //获取图像尺度信息
    newbmp.CreateCDib(sizeimage,mybmp.m_lpBMIH->biBitCount);
    for(int x = 0; x < sizeimage.cx; x++)
```

```
     for(int y = 0; y < sizeimage.cy; y++)
     {
          RGBQUAD color,color1;
          color = mybmp.GetPixel(x,y);
          color1.rgbBlue  = color.rgbGreen;
          color1.rgbGreen = color.rgbRed;
          color1.rgbRed   = color.rgbBlue;
          newbmp.WritePixel(x, y,color1);
    }
    Invalidate();
}
```

A.5 数学形态学方法

1. 灰度化和二值化处理

利用 C++ 方法实现形态学操作时，首先要对图像进行灰度化和二值化处理，功能函数 OnGray() 和 OnBinary() 分别完成灰度化和二值化的处理功能。

```
CDib mybmp,newbmp;
bool *outbmp,*inbmp;
CSize sizeimage;
void CImageprocessView::OnGray()
{
    sizeimage=mybmp.GetDimensions();  //获取图像尺度信息
    newbmp.CreateCDib(sizeimage,mybmp.m_lpBMIH->biBitCount);
    inbmp = new bool[nWidth*nHeight];
    outbmp = new bool[nWidth*nHeight];
    for(int x = 0; x < sizeimage.cx; x++)
    for(int y = 0; y < sizeimage.cy; y++)
    {
          RGBQUAD color;
          color = mybmp.GetPixel(x,y);
          //RGB 图像转灰度图像
          Gray = R*0.299 + G*0.587 + B*0.114
          double gray = color.rgbRed*0.299 + color.rgbGreen*0.587 + color.
              rgbBlue*0.114;
          color.rgbBlue  = (int)gray;
          color.rgbGreen = (int)gray;
          color.rgbRed   = (int)gray;
          mybmp.WritePixel(x, y,color);
     }
    Invalidate();
}
    //二值化处理
    void CImageprocessView::OnBinary ()
    {
          //图像的长宽大小
```

```
int nWidth              = sizeimage.cx;
int nHeight             = sizeimage.cy;

//1--- 初始化
double  avg = 0.0;// 图像的平均值
for(int y=0; y<nHeight ; y++ )
{
     for(int x=0; x<nWidth ; x++ )
     {
          RGBQUAD color;
          color = mybmp.GetPixel(x,y);
          avg += color.rgbBlue;
     }
}
double T = 0;
T = avg/( nHeight * nWidth);// 选择一个初始化的阈值 T （通常取灰度值的
    平均值）

double curThd = T;
double preThd = curThd;
do
{
     preThd = curThd;
     double u1 = 0, u2 = 0;
     int num_u1 = 0, num_u2 = 0;
     for(y=0; y<nHeight ; y++ )
     {
          for(int x=0; x<nWidth ; x++ )
          {
               RGBQUAD color;
               color = mybmp.GetPixel(x,y);
               if(color.rgbBlue < preThd)
               {
                    u1 += color.rgbBlue;
                    num_u1++;
               }
               else
               {
                    u2 += color.rgbBlue;
                    num_u2++;
               }
          }
     }
     curThd = (u1/num_u1 + u2/num_u2)/2;
}while( fabs(curThd - preThd) > 1.0);

for(y=0; y<nHeight ; y++ )
for(int x=0; x<nWidth ; x++ )
{
```

```
            RGBQUAD color;
            color = mybmp.GetPixel(x,y);
            if(color.rgbBlue < curThd)
            {
                 color.rgbBlue = 0 ;
                 color.rgbGreen = 0 ;
                 color.rgbRed = 0 ;
                 inbmp[y*nWidth+x] = 1;
            }
            else
            {
                 color.rgbBlue = 255 ;
                 color.rgbGreen = 255 ;
                 color.rgbRed = 255 ;
                 inbmp[y*nWidth+x] = 0;
            }
            mybmp.WritePixel(x,y,color);
            }
       Invalidate();
}
```

2. 图像膨胀

已知：一个图像类对象 mybmp。

结果：膨胀的结果为 newbmp。

```
void CImageprocessView::OnDilation()
{
    OnGray();
    OnBinaryPro ();
    for(int y = 0; y <sizeimage.cy; y++)
    for(int x = 0;x <sizeimage.cx; x++)
          outbmp[y*sizeimage.cx+x] = 0;
    Dilation(inbmp,outbmp);
    for( y = 0; y <sizeimage.cy; y++)
    for(int x = 0;x <sizeimage.cx; x++)
     {
          RGBQUAD color;
          if(outbmp[y*sizeimage.cx+x])
          {
               color.rgbBlue  = (unsigned char)0;
               color.rgbGreen  = (unsigned char)0;
               color.rgbRed  = (unsigned char)0;
          }
          else
          {
               color.rgbBlue  = (unsigned char)255;
               color.rgbGreen  = (unsigned char)255;
               color.rgbRed  = (unsigned char)255;
          }
```

```
            newbmp.WritePixel(x, y,color);
        }
        Invalidate();
}
```

3. 图像腐蚀

已知：一个图像类对象 mybmp。

结果：腐蚀的结果为 newbmp。

```
void CImageprocessView::OnErosion()
{
    OnGray();
    OnBinaryPro ();
    for(int y = 0; y <sizeimage.cy; y++)
    for(int x = 0;x <sizeimage.cx; x++)
          outbmp[y*sizeimage.cx+x] = 0;
    Erosion(inbmp,outbmp);
    for( y = 0; y <sizeimage.cy; y++)
    for(int x = 0;x <sizeimage.cx; x++)
     {
          RGBQUAD color;
          if(outbmp[y*sizeimage.cx+x])
          {
               color.rgbBlue  = (unsigned char)0;
               color.rgbGreen  = (unsigned char)0;
               color.rgbRed  = (unsigned char)0;

          }
          else
          {
               color.rgbBlue  = (unsigned char)255;
               color.rgbGreen  = (unsigned char)255;
               color.rgbRed  = (unsigned char)255;
          }
          newbmp.WritePixel(x, y,color);
     }
    Invalidate();
}
```

4. 图像开运算

已知：一个图像类对象 mybmp。

结果：开运算的结果为 newbmp。

```
void CImageprocessView::OnOPENOperator()
{
    OnGray();
    OnBinaryPro ();
```

```
    for(int y = 0; y <sizeimage.cy; y++)
    for(int x = 0;x <sizeimage.cx; x++)
          outbmp[y*sizeimage.cx+x] = 0;
    Erosion(inbmp,outbmp);
    for( y = 0; y <sizeimage.cy; y++)
    for(int x = 0;x <sizeimage.cx; x++)
          inbmp[y*sizeimage.cx+x] = outbmp[y*sizeimage.cx+x];
    Dilation(inbmp,outbmp);
    for( y = 0; y <sizeimage.cy; y++)
    for(int x = 0;x <sizeimage.cx; x++)
     {
          RGBQUAD color;
          if(outbmp[y*sizeimage.cx+x])
          {
               color.rgbBlue  = (unsigned char)0;
               color.rgbGreen  = (unsigned char)0;
               color.rgbRed  = (unsigned char)0;
          }
          else
          {
               color.rgbBlue  = (unsigned char)255;
               color.rgbGreen  = (unsigned char)255;
               color.rgbRed  = (unsigned char)255;
          }
          newbmp.WritePixel(x, y,color);
    }
    Invalidate();
}
```

5. 图像闭运算

已知：一个图像类对象 mybmp。

结果：闭运算的结果为 newbmp。

```
void CImageprocessView::OnClose()
{
    OnGray();
    OnBinaryPro ();
    for(int y = 0; y <sizeimage.cy; y++)
    for(int x = 0;x <sizeimage.cx; x++)
          outbmp[y*sizeimage.cx+x] = 0;
    Dilation(inbmp,outbmp);
    for( y = 0; y <sizeimage.cy; y++)
    for(int x = 0;x <sizeimage.cx; x++)
          inbmp[y*sizeimage.cx+x] = outbmp[y*sizeimage.cx+x];
    Erosion(inbmp,outbmp);
    for( y = 0; y <sizeimage.cy; y++)
    for(int x = 0;x <sizeimage.cx; x++)
     {
```

```
            RGBQUAD color;
            if(outbmp[y*sizeimage.cx+x])
            {
                color.rgbBlue  = (unsigned char)0;
                color.rgbGreen  = (unsigned char)0;
                color.rgbRed  = (unsigned char)0;
            }
            else
            {
                color.rgbBlue  = (unsigned char)255;
                color.rgbGreen  = (unsigned char)255;
                color.rgbRed  = (unsigned char)255;
            }
            newbmp.WritePixel(x, y,color);
        }
        Invalidate();
}
```

6. 图像内边界提取

已知：一个图像类对象 mybmp。

结果：内边界提取结果为 newbmp。

```
CDib mybmp,newbmp;
bool *outbmp,*inbmp;
CSize sizeimage;
void CImageprocessView::OnInnerEdgeForBinary()
{
    OnGray();
    OnBinaryPro ();
    sizeimage=mybmp.GetDimensions();  //获取图像尺度信息
    newbmp.CreateCDib(sizeimage,mybmp.m_lpBMIH->biBitCount);
    for(int y = 0; y <sizeimage.cy; y++)
    for(int x = 0;x <sizeimage.cx; x++)
        outbmp[y*sizeimage.cx+x] = 0;
     Erosion(inbmp,outbmp);
     for( y = 0; y < sizeimage.cy; y++)
     for(int x =0; x < sizeimage.cx; x++)
     {
         inbmp[y*sizeimage.cx+x] -= outbmp[y*sizeimage.cx+x];
     }
     for( y = 0; y <sizeimage.cy; y++)
     for(int x = 0;x <sizeimage.cx; x++)
     {
         RGBQUAD color;
         if(inbmp[y*sizeimage.cx+x] )
         {
             color.rgbBlue  = (unsigned char)0;
             color.rgbGreen  = (unsigned char)0;
```

```
            color.rgbRed  = (unsigned char)0;

        }
        else
        {
            color.rgbBlue  = (unsigned char)255;
            color.rgbGreen  = (unsigned char)255;
            color.rgbRed  = (unsigned char)255;
        }
        newbmp.WritePixel(x, y,color);
    }
    Invalidate();
}
```

7. 图像外边界提取

已知：一个图像类对象 mybmp。

结果：外边界提取结果为 newbmp。

```
CDib mybmp,newbmp;
bool *outbmp,*inbmp;
CSize sizeimage;
void CImageprocessView:: OnBinaryOuterEdge ()
{
    OnGray();
    OnBinaryPro ();
    sizeimage=mybmp.GetDimensions();  //获取图像尺度信息
    newbmp.CreateCDib(sizeimage,mybmp.m_lpBMIH->biBitCount);
     for(int y = 0; y <sizeimage.cy; y++)
     for(int x = 0;x <sizeimage.cx; x++)
          outbmp[y*sizeimage.cx+x] = 0;
     Dilation(inbmp,outbmp);
     for( y = 0; y < sizeimage.cy; y++)
     for(int x =0; x < sizeimage.cx; x++)
          inbmp[y*sizeimage.cx+x]  =  outbmp[y*sizeimage.cx+x]  -
              inbmp[y*sizeimage.cx+x];
     for( y = 0; y <sizeimage.cy; y++)
     for(int x = 0;x <sizeimage.cx; x++)
     {
          RGBQUAD color;
          if(inbmp[y*sizeimage.cx+x])
          {
               color.rgbBlue  = (unsigned char)0;
               color.rgbGreen  = (unsigned char)0;
               color.rgbRed  = (unsigned char)0;
          }
          else
          {
               color.rgbBlue  = (unsigned char)255;
```

```
                color.rgbGreen  = (unsigned char)255;
                color.rgbRed  = (unsigned char)255;
            }
            newbmp.WritePixel(x, y,color);
        }
        Invalidate();
}
```

8. 图像孔的填充

已知：一个图像类对象 mybmp。

结果：孔填充的结果为 newbmp。

```
CDib mybmp,newbmp;
bool *outbmp,*inbmp;
CSize sizeimage;
void CImageprocessView:: OnHolefilling()
{
    OnGray();
    OnBinaryPro ();
    sizeimage=mybmp.GetDimensions();  //获取图像尺度信息
    newbmp.CreateCDib(sizeimage,mybmp.m_lpBMIH->biBitCount);
    bool *flag = new bool[nWidth*nHeight];
    bool *tmpbmp;
    tmpbmp = new bool[nWidth*nHeight];
    for(int y = 0; y <nHeight; y++)
    for(int x = 0;x <nWidth; x++)
    {
          outbmp[y*nWidth+x] = 0;
          tmpbmp[y*nWidth+x] = 0;
          flag[y*nWidth+x] = 0;
          inbmp[y*nWidth+x] = 1 - inbmp[y*nWidth+x];
    }
    for( y = 0; y < nHeight; y++)
    for(int x =0; x < nWidth; x++)
    {
          //初始化一个点
          int num;
          if (flag[y*nWidth+x]==false && inbmp[y*nWidth+x] == true)
          {
                num =  Regiongrow(flag,x,y);  //返回扩展的个数
                if(num < 300)
                     tmpbmp[y*nWidth+x] = 1;
          }
    }
     int sum;
     do
     {
          sum = 0;
```

```
        Dilation(tmpbmp,outbmp);
        for( y = 0; y < nHeight; y++)
        for(int x =0; x < nWidth; x++)
        {
              bool temp = tmpbmp[y*nWidth+x]; //前一次 x(k-1)
              tmpbmp[y*nWidth+x]  =  outbmp[y*nWidth+x]  &&
                  inbmp[y*nWidth+x];
              sum += abs(temp - tmpbmp[y*nWidth+x]);
              outbmp[y*nWidth+x] = 0;
        }
   }while(sum>0);
   for( y = 0; y <nHeight; y++)
   for(int x = 0;x <nWidth; x++)
   {
        outbmp[y*nWidth+x] = tmpbmp[y*nWidth+x] ||
            (1-inbmp[y*nWidth+x]);
        inbmp[y*nWidth+x] = outbmp[y*nWidth+x];
   }
  //显示结果
  for( y = 0; y <nHeight; y++)
  for(int x = 0;x <nWidth; x++)
  {
        RGBQUAD color;
        if(outbmp[y*nWidth+x])
        {
              color.rgbBlue  = (unsigned char)0;
              color.rgbGreen  = (unsigned char)0;
              color.rgbRed  = (unsigned char)0;
        }
        else
        {
              color.rgbBlue  = (unsigned char)255;
              color.rgbGreen  = (unsigned char)255;
              color.rgbRed  = (unsigned char)255;
        }
        newbmp.WritePixel(x, y,color);
   }
  Invalidate();
  delete []tmpbmp;
  delete []flag;
  delete []inbmp;
  delete []outbmp;
}
```

9. 图像连通成分提取

已知：一个图像类对象 mybmp。

结果：连通成分提取的结果为 newbmp。

```
CDib mybmp,newbmp;
bool *outbmp,*inbmp;
CSize sizeimage;
void CImageprocessView:: OnConn()
{
    OnGray();
    OnBinaryPro ();
    sizeimage=mybmp.GetDimensions();  //获取图像尺度信息
    newbmp.CreateCDib(sizeimage,mybmp.m_lpBMIH->biBitCount);
    bool *tmpbmp;
    tmpbmp = new bool[nWidth*nHeight];
    for(int y = 0; y <sizeimage.cy; y++)
    for(int x = 0;x <sizeimage.cx; x++)
    {
          outbmp[y*sizeimage.cx+x] = 0;
          tmpbmp[y*sizeimage.cx+x] = 0;
    }
    //初始化一个点
    int flag = 0;
    for( y = 0; y < sizeimage.cy; y++)
    for(int x =0; x < sizeimage.cx; x++)
    if( !flag && inbmp[y*sizeimage.cx+x]==1 )
    {
          tmpbmp[y*sizeimage.cx+x] = 1;
          flag =1;
    }
int sum;
do
{
    sum = 0;
    Dilation(tmpbmp,outbmp);
    for( y = 0; y < nHeight; y++)
    for(int x =0; x < nWidth; x++)
    {
          bool temp = tmpbmp[y*nWidth+x];
          tmpbmp[y*nWidth+x] = outbmp[y*nWidth+x] && inbmp[y*nWidth+x];
          sum += abs(temp - tmpbmp[y*nWidth+x]);
          outbmp[y*nWidth+x] = 0;
    }
    }while(sum>0);

    for( y = 0; y <sizeimage.cy; y++)
    for(int x = 0;x <sizeimage.cx; x++)
    {
          RGBQUAD color;
          if(tmpbmp[y*sizeimage.cx+x])
          {
               color.rgbBlue  = (unsigned char)0;
               color.rgbGreen  = (unsigned char)0;
```

```
            color.rgbRed  = (unsigned char)0;
        }
        else
        {
            color.rgbBlue  = (unsigned char)255;
            color.rgbGreen  = (unsigned char)255;
            color.rgbRed  = (unsigned char)255;
        }
        newbmp.WritePixel(x, y,color);
    }
    Invalidate();
    delete []tmpbmp;
}
```

10. 图像骨架提取

已知：一个图像类对象 mybmp。

结果：骨架提取的结果为 newbmp。

```
CDib mybmp,newbmp;
bool *outbmp,*inbmp;
CSize sizeimage;
void CImageprocessView:: OnBoneextract()
{
    OnGray();
    OnBinaryPro ();
    sizeimage=mybmp.GetDimensions();  //获取图像尺度信息
    newbmp.CreateCDib(sizeimage,mybmp.m_lpBMIH->biBitCount);
    bool *tmpbmp = new bool[nWidth*nHeight];
    bool *tmp1 = new bool[nWidth*nHeight];
    bool *tmp2 = new bool[nWidth*nHeight];
    bool *sk = new bool[nWidth*nHeight];

    int k = 100;bool **DilationResult = new bool*[k];
    for(int i = 0; i < k; i++)
    {
     DilationResult[i] = new bool[nWidth*nHeight];
     for(int j =0; j < nWidth*nHeight; j++)
         DilationResult[i][j] = 0;
    }
    for(int y = 0; y <nHeight; y++)
    for(int x = 0;x <nWidth; x++)
    {
        outbmp[y*nWidth+x] = 0;
        sk[y*nWidth+x] = 0;
        tmpbmp[y*nWidth+x] = inbmp[y*nWidth+x];
    }

    //求取集合 A 被腐蚀为空集前的最大迭代次数 k
```

```
bool sum;      k=0;
do
{
      for(int i = 0; i <nHeight*nWidth; i++) outbmp[i] = 0;
      sum = false;
      Erosion(tmpbmp,outbmp);
      for( y = 0; y < nHeight; y++)
      for(int x =0; x < nWidth; x++)
      {
            DilationResult[k][y*nWidth+x] = outbmp[y*nWidth+x];
            tmpbmp[y*nWidth+x] = outbmp[y*nWidth+x];
            if(outbmp[y*nWidth+x]) sum = true;
      }
      k++;
}while(sum);
k = k-1;//最大迭代次数
//利用公式求取sk
for( i = 0; i < k; i++)
{
      for(int y = 0; y <nHeight; y++)
      for(int x = 0;x <nWidth; x++)
      {
            tmp1[y*nWidth+x] = 0;
            tmp2[y*nWidth+x] = 0;
      }
//对第k次腐蚀结果做开运算,结果保存在tmp2
Erosion(DilationResult[i],tmp1);
Dilation(tmp1,tmp2);
for(int j = 0; j <nHeight*nWidth; j++)
      sk[j] = sk[j] || (DilationResult[i][j] - tmp2[j]);

}
for( y = 0; y <nHeight; y++)
for(int x = 0;x <nWidth; x++)
{
      RGBQUAD color;
      if(sk[y*nWidth+x])
      {
            color.rgbBlue  = (unsigned char)0;
            color.rgbGreen  = (unsigned char)0;
            color.rgbRed  = (unsigned char)0;

      }
      else
      {
            color.rgbBlue  = (unsigned char)255;
            color.rgbGreen  = (unsigned char)255;
            color.rgbRed  = (unsigned char)255;
      }
```

```
        newbmp.WritePixel(x, y,color);
    }
    Invalidate();
}
```

A.6 图像分割

1. 图像霍夫变换

已知：一个图像类对象 mybmp。

结果：霍夫变换的结果为 newbmp。

```
CDib mybmp,newbmp;
void CImageprocessView::OnHough()
{
    int nWidth = sizeimage.cx;
    int nHeight = sizeimage.cy;
    //检测图像二值化边缘
    unsigned int *b = new unsigned int[nWidth*nHeight];
    unsigned int *temp = new unsigned int[nWidth*nHeight];
    memset(temp, 255, sizeof(unsigned int)*nWidth*nHeight);
    memset(b, 255, sizeof(unsigned int)*nWidth*nHeight);
    newbmp.CreateCDib(sizeimage,24);
    Sobel(b);            //边缘检测
    int i, j;
    int cosV, sinV;
    int **count; int Radian, ro;
    // 初始化，最长距离
    int dismax = (int)sqrt(nWidth * nWidth + nHeight * nHeight);
    count = new int* [180];
    //二维数组动态申请内存
    for (i = 0; i < 180; i++)
    {
        count[i] = new int[dismax];
        memset(count[i], 0, sizeof(int)*dismax);
     }
    // 统计 count 值
    for( y = 0; y < nHeight; y++)
    for(int x = 0; x < nWidth; x++)
    if(b[y*nWidth+x] == 0)
    {
        for(Radian = 0; Radian < 180; Radian += 1)
        {
            cosV = (int)(cos(PI * Radian / 180) * 2048);
            sinV = (int)(sin(PI * Radian / 180) * 2048);
            ro = (x * cosV + y * sinV)>>11;
            if( ro < dismax && ro > 0)
                count[Radian][ro]++;
```

```
        }
    }
    int themax = 0; const int n = 2000;
    int maxtheta[n]={0};
    int maxro[n] = {0};
    int k = 0;
    do
    {
        themax = 0;
        for(i = 0; i < 180 ; i++)
        for(j = 0; j < dismax ; j++)
        if(count[i][j]>30 && count[i][j] > themax  )
        {
            themax = count[i][j];
            maxtheta[k] = i;
            maxro[k] = j;
        }
        if (themax >0)
        {
            int t1=maxtheta[k],t2= maxro[k];
            count[t1][t2] = 0;
            k++;
        }
        else
            break;
    }while(k<180*dismax);
    int linenum = k;
    for( y = 0; y < nHeight; y++)
    for(int x = 0; x < nWidth; x++)
    {
        if(b[y*nWidth+x] == 0)
            for( int p = 0 ; p< linenum; p++)
            {
                cosV = (int)(cos(PI * maxtheta[p] / 180) * 2048);
                sinV = (int)(sin(PI * maxtheta[p] / 180) * 2048);
                ro = (x * cosV + y * sinV)>>11;
                if(ro == maxro[p])
                    temp[y*nWidth+x]=0;
            }
    }
    for( y=0; y<nHeight ; y++ )
    for(int x=0; x<nWidth ; x++ )
        {
            RGBQUAD color;
            color.rgbBlue  = temp[y*nWidth+x];
            color.rgbGreen = temp[y*nWidth+x];
            color.rgbRed = temp[y*nWidth+x];
            newbmp.WritePixel(x,y,color);
        }
```

```
    for( i = 0; i < 180; i++)
    delete []count[i];
    delete []count;
    Invalidate();
}
```

2. 图像的各种算子分割功能

```
void CImageprocessView::Sobel(unsigned int *b)
{
    CSize sizeimage;
    sizeimage=mybmp.GetDimensions();  //获取图像尺度信息
    CDib tmp1;
    tmp1.CreateCDib(sizeimage,mybmp.m_lpBMIH->biBitCount);
    tmp1.CopyDib(&mybmp);
    CDib tmp2;
    tmp2.CreateCDib(sizeimage,mybmp.m_lpBMIH->biBitCount);
    tmp2.CopyDib(&mybmp);
    float aTemplate[9];                    // 模板数组

    // 设置 Prewitt 模板参数
    aTemplate[0] = -1.0;  aTemplate[1] = -2.0;  aTemplate[2] = -1.0;
    aTemplate[3] = 0.0;   aTemplate[4] = 0.0;   aTemplate[5] = 0.0;
    aTemplate[6] = 1.0;   aTemplate[7] = 2.0;   aTemplate[8] = 1.0;
    Template3X3(tmp1, aTemplate);
    // 设置模板参数
    aTemplate[0] = -1.0;  aTemplate[1] = 0.0;   aTemplate[2] = 1.0;
    aTemplate[3] = -2.0;  aTemplate[4] = 0.0;   aTemplate[5] = 2.0;
    aTemplate[6] = -1.0;  aTemplate[7] = 0.0;   aTemplate[8] = 1.0;

    Template3X3(tmp2, aTemplate);
    //求两幅缓存图像的最大值
    for(int j = 1; j <sizeimage.cy-1; j++)
    for(int i = 1;i <sizeimage.cx-1; i++)
    {
        RGBQUAD color,color1,color2;
        color1 = tmp1.GetPixel(i,j);
        color2 = tmp2.GetPixel(i,j);
        if(color2.rgbRed > color1.rgbRed)
            color = color2;
        else
            color = color1;
        if(color.rgbBlue > 170)      //假设阈值为 170
            b[j*sizeimage.cx+i] = 0;
        else
            b[j*sizeimage.cx+i] = 255;
        }
}
void CImageprocessView::Template3X3(CDib& tmpbmp,float * fpArray)
```

```
{
    CDib newbmp;
    newbmp.CreateCDib(sizeimage,mybmp.m_lpBMIH->biBitCount);
    for(int y = 1; y < sizeimage.cy - 1; y++)
    for(int x = 1; x < sizeimage.cx - 1; x++)
    {
        RGBQUAD color;
        double fResult = 0;
        for (int j = -1; j <= 1; j++)
        for (int i = -1; i <= 1; i++)
        {
            color = tmpbmp.GetPixel(x+i,y+j);
            fResult += color.rgbRed * fpArray[(i+1)*3+(j+1)];
        }
        fResult = fabs(fResult);        // 取绝对值
        if(fResult > 255)
        {
            color.rgbGreen = 255;
            color.rgbRed   = 255;
            color.rgbBlue  = 255;
            newbmp.WritePixel(x, y,color);
        }
        else
        {
            color.rgbGreen = (unsigned char) (fResult + 0.5);
            color.rgbRed   = (unsigned char) (fResult + 0.5);
            color.rgbBlue  = (unsigned char) (fResult + 0.5);
            newbmp.WritePixel(x, y,color);
        }
    }
  // 复制变换后的图像
  tmpbmp.CopyDib(&newbmp);
}
```

3. 均值迭代阈值分割算法

已知：一个图像类对象 mybmp。

结果：分割的结果为 newbmp。

```
CDib mybmp,newbmp;
CSize sizeimage;
int nWidth;
int nHeight;
double T = 0;
int subthd = 80;  //初始化阈值，假设为80
double curThd;
```

实现 CDib 类的均值迭代阈值分割算法时，调用以下函数：

```
void CImageprocessView::Initialize()  //初始化
```

```
{
    sizeimage=mybmp.GetDimensions();  //获取图像尺度信息
    newbmp.CreateCDib(sizeimage,mybmp.m_lpBMIH->biBitCount);
    nWidth        = sizeimage.cx;
    nHeight       = sizeimage.cy;
    //1--- 初始化
    double avg = 0.0;  // 图像的平均值
    for(int y=0; y<nHeight ; y++ )
    for(int x=0; x<nWidth ; x++ )
     {
          RGBQUAD color;
          color = mybmp.GetPixel(x,y);
          avg += color.rgbBlue;
     }
    T = avg/( nHeight * nWidth); //选择一个初始化的阈值 T （通常取灰度值的平均值）
}
void CImageprocessView:: Iteration ()  //迭代
{
    curThd = T;
    double preThd = curThd;
    do
    {
         preThd = curThd;
         double u1 = 0, u2 = 0;
         int num_u1 = 0, num_u2 = 0;
         for(y=0; y<nHeight ; y++ )
         for(int x=0; x<nWidth ; x++ )
         {
              RGBQUAD color;
              color = mybmp.GetPixel(x,y);
              if(color.rgbBlue < preThd)
              {
                   u1 += color.rgbBlue;
                   num_u1++;
              }
              else
              {
                   u2 += color.rgbBlue;
                   num_u2++;
              }
         }
    curThd = (u1/num_u1 + u2/num_u2)/2;
    }while( fabs(curThd - preThd) > subthd);

}
void CImageprocessView::OnAvgIter()
{
    Initialize();
    Iteration();
```

```
    for(y=0; y<nHeight ; y++ )
    for(int x=0; x<nWidth ; x++ )
    {
          RGBQUAD color;
          color = mybmp.GetPixel(x,y);
          if(color.rgbBlue < curThd)
          {
               color.rgbBlue = 0 ;
               color.rgbGreen = 0 ;
               color.rgbRed = 0 ;
          }
          else
          {
               color.rgbBlue = 255 ;
               color.rgbGreen = 255 ;
               color.rgbRed = 255 ;
          }
          newbmp.WritePixel(x,y,color);
    }
    Invalidate();
}
```

4. 最大类间方差分割算法

已知：一个图像类对象 mybmp。

结果：分割的结果为 newbmp。

```
CDib mybmp,newbmp;
CSize sizeimage;
int nWidth,nHeight;
int thresholdValue=1;    // 阈值
int ihist[256];          // 图像直方图 ,256 个级别
int i, j, k;    int n, n1, n2, gmin, gmax;
double m1, m2, sum, csum, fmax, sb;
```

用 CDib 类实现最大类间方差分割算法时，调用以下函数：

```
void CImageprocessView::Initialize(&thresholdValue)
{
    sizeimage=mybmp.GetDimensions();  //获取图像尺度信息
    newbmp.CreateCDib(sizeimage,mybmp.m_lpBMIH->biBitCount);
    Width = sizeimage.cx;
    nHeight = sizeimage.cy;

    // 对直方图置零
     memset(ihist, 0, sizeof(ihist));
     gmin=255; gmax=0;
    // 生成直方图
     for (i = 0; i < nWidth; i++)
```

```
    for (j = 0; j < nHeight; j++)
    {
           RGBQUAD color;
           color = mybmp.GetPixel(i,j);
           int gray = color.rgbRed;
           ihist[gray]++;
           if (gmax<gray) gmax=gray;
           if( gmin>gray) gmin=gray;
    }
    sum = csum =0.0;
     n =0;
    for (i =0; i <=255; i++)
    {
           sum += (double) i * (double) ihist[i];
           n += ihist[i];
    }
    if (!n)
    {
           thresholdValue =160;
          return;
    }
    // otsu 全局阈值法
   fmax =-1.0;
   n1 =0;
   for (k =0; k <255; k++)
   {
          n1 += ihist[k];
          if (!n1)  continue;
          n2 = n - n1;
          if (n2 ==0)  break;
          csum += k *ihist[k];
          m1 = csum / n1;
          m2 = (sum - csum) / n2;
          sb = n1 * n2 *(m1 - m2) * (m1 - m2);

          if (sb > fmax)
          {
                 fmax = sb;
                 thresholdValue = k;
            }
          }

}
void CImageprocessView::OnOtsu1()
{
    Initialize(thresholdValue);

    for(int y=0; y<nHeight ; y++ )
    for(int x=0; x<nWidth ; x++ )
```

```
    {
        RGBQUAD color;
        color = mybmp.GetPixel(x,y);
        if(color.rgbBlue < thresholdValue)
        {
            color.rgbBlue = 0 ;
            color.rgbGreen = 0 ;
            color.rgbRed = 0 ;
        }
        else
        {
            color.rgbBlue = 255 ;
            color.rgbGreen = 255 ;
            color.rgbRed = 255 ;
        }
        newbmp.WritePixel(x,y,color);
    }
    Invalidate();
}
```

5. 区域生长的分割算法

已知：一个图像类对象 mybmp。

结果：分割的结果为 newbmp。

```
CDib mybmp,newbmp;
void CImageprocessView::OnRegiongrow()
{
    CSize sizeimage;
    sizeimage=mybmp.GetDimensions();  //获取图像尺度信息
    newbmp.CreateCDib(sizeimage,mybmp.m_lpBMIH->biBitCount);
    //图像的长宽、大小
    int nWidth   = sizeimage.cx;   int nHeight = sizeimage.cy;
    for( int y=0; y<nHeight ; y++ )
    for(int x=0; x<nWidth ; x++ )
    {
        RGBQUAD color;
        color.rgbBlue  = 255;
        color.rgbGreen = 255;
        color.rgbRed =   255;
        newbmp.WritePixel(x,y,color);
    }
    static int nDx[]={-1,0,1,0},nDy[]={0,1,0,-1};
    int *flag = new int[nWidth*nHeight];
    memset(flag,0,sizeof(int)*nWidth*nHeight); // 初始化
    int nSeedX, nSeedY;  // 种子点

    // 设置种子点为图像的中心
    nSeedX = nWidth /2 ; nSeedY = nHeight/2 ;
```

```
// 定义堆栈，存储坐标
int * pnGrowQueX ; int * pnGrowQueY ;
// 分配空间
pnGrowQueX = new int [nWidth*nHeight];
pnGrowQueY = new int [nWidth*nHeight];

// 定义堆栈的起点和终点
// 当 nStart=nEnd 时，表示堆栈中只有一个点
int nStart ;
int nEnd ;
nStart  =  0 ; // 初始化
nEnd  =  0 ;
// 把种子点的坐标压入栈
pnGrowQueX[nEnd] = nSeedX;
pnGrowQueY[nEnd] = nSeedY;
// 当前正在处理的像素
int nCurrX, nCurrY;
// 循环控制变量
int k ;
// 图像的横纵坐标，用来对当前像素的 4 邻域进行遍历
int xx, yy;
int nThreshold =30;
while (nStart<=nEnd)
{
      // 当前种子点的坐标
      nCurrX = pnGrowQueX[nStart];
      nCurrY = pnGrowQueY[nStart];

      // 对当前点的 4 邻域进行遍历
      for (k=0; k<4; k++)
      {
           // 4 邻域像素的坐标
           xx = nCurrX+nDx[k];
           yy = nCurrY+nDy[k];

           // 判断像素 (xx,yy) 是否在图像内部，是否已经处理过
           // flag[yy*nWidth+xx]==0 表示还没有处理
           // 生长条件：判断像素 (xx,yy) 和当前像素 (nCurrX,nCurrY) 差的绝对值
           if ( (xx < nWidth) && (xx>=0) && (yy<nHeight) && (yy>=0)
            && (flag[yy*nWidth+xx]==0))
           {
              RGBQUAD color;
              color = mybmp.GetPixel(xx,yy);
              int gray1 = color.rgbRed;
              color = mybmp.GetPixel(nCurrX,nCurrY);
              int gray2 = color.rgbRed;
              flag[yy*nWidth+xx]=1;
              if (abs(gray1 - gray2)<nThreshold)
              {
```

```
                    nEnd++;  // 堆栈的尾部指针后移一位
                    // 像素 (xx,yy) 压入栈
                    pnGrowQueX[nEnd] = xx; pnGrowQueY[nEnd] = yy;
                    // 把像素 (xx,yy) 设置成逻辑 1 (255), 表明该像素处理过
                    color.rgbRed = 0 ;
                    color.rgbGreen = 0;
                    color.rgbBlue = 0;
                    newbmp.WritePixel(xx, yy,color);
                }
            }
        }
        nStart++;
    }
    Invalidate();
    // 释放内存
    delete []pnGrowQueX;
    delete []pnGrowQueY;
    pnGrowQueX = NULL ;
    pnGrowQueY = NULL ;
}
```

6. 区域分裂合并的分割算法

已知：一个图像类对象 mybmp。

结果：分割的结果为 newbmp。

```
CDib mybmp,newbmp;
void CImageprocessView::OnSplitcombine()
{
    CSize sizeimage;
    sizeimage=mybmp.GetDimensions();  //获取图像尺度信息
    newbmp.CreateCDib(sizeimage,mybmp.m_lpBMIH->biBitCount);
    std::stack<SplitStruct> nMyStack;
    SplitStruct ss,ssTemp;
    ss.BlocknWidth = sizeimage.cx;
    ss.BlocknHeight = sizeimage.cy;
    ss.x = 0;
    ss.y = 0;
    nMyStack.push(ss);
    int i, j;
    int nValueS[2][2];
    int nAV;
    int nWidthTemp[3], nHeightTemp[3], nTemp;
    int n, m, l;
    double dOver;

    while(!nMyStack.empty())
    {
     ss = nMyStack.top();
```

```
nMyStack.pop();
// 1. 把图像分成 2×2 块
nWidthTemp[0] = 0;
nWidthTemp[2] = (ss.BlocknWidth + 1) / 2;
nWidthTemp[1] = ss.BlocknWidth - nWidthTemp[2];
nHeightTemp[0] = 0;
nHeightTemp[2] = (ss.BlocknHeight + 1) / 2;
nHeightTemp[1] = ss.BlocknHeight - nHeightTemp[2];

// 计算每一块图像的属性值
int nValue;
int nValueTemp;
nAV = 0;
for(i = 1; i < 3; ++i)
{
      for(j = 1; j < 3; ++j)
      {
            int theBlockHeight =  nHeightTemp[i];
            int theBlockWidth =  nWidthTemp[j];

            nValue = 0;
            for(int yy = 0; yy < theBlockHeight; ++yy)
            for(int xx = 0; xx < theBlockWidth; ++xx)
            {
                        RGBQUAD color;
                        color = mybmp.GetPixel(xx+ss.x,yy+ss.y);
                        int gray1 = color.rgbRed;

                        nValue += gray1;
            }
            if(theBlockHeight * theBlockWidth == 0)
                  continue;
            if(theBlockHeight * theBlockWidth == 1)
            {
                  RGBQUAD color;
                  color = mybmp.GetPixel(nWidthTemp[j-1]+ss.
                      x,nHeightTemp[i-1]+ss.y);

                  int gray1 = color.rgbRed;

                  if (gray1 < 80) // 阈值
                  {
                        color.rgbBlue  = 0;
                        color.rgbGreen = 0;
                        color.rgbRed =   0;
                        newbmp.WritePixel(4*(nWidthTemp[j-
                            1]+theBlockWidth),
                        4*(nHeightTemp[i-1]+theBlockHeight),color);
                  }
```

```
                    else
                    {
                        color.rgbBlue  = 255;
                        color.rgbGreen = 255;
                        color.rgbRed =   255;
                        newbmp.WritePixel(4*(nWidthTemp[j-
                           1]+theBlockWidth),
                        4*(nHeightTemp[i-1]+theBlockHeight),color);
                    }
                        continue;
                }

                // 各块图像的灰度平均值
                nValueS[i - 1][j - 1] = nValue / (theBlockHeight *
                    theBlockWidth);

                // 2. 对每一块判断是否继续分裂
                if(nValueS[i - 1][j - 1] < 70)//200 // 灰度平均值少于200要
                    继续分裂
                {
                    ssTemp.BlocknWidth        =  theBlockWidth;
                    ssTemp.BlocknHeight       =  theBlockHeight;
                    ssTemp.x = ss.x + nWidthTemp[j-1];
                    ssTemp.y = ss.y + nHeightTemp[i-1];
                    nMyStack.push(ssTemp);
                }
                else          // 合并（直接填充该块图像为黑色）
                {
                    // 3. 如果不需要分裂，则进行合并
                    for(int yy = 0; yy < theBlockHeight; ++yy)
                    {
                        for(int xx = 0; xx <theBlockWidth; ++xx)
                        {
                            RGBQUAD color;
                            color.rgbBlue  = 0;//255
                            color.rgbGreen = 0;
                            color.rgbRed =   0;

                            newbmp.WritePixel(xx+ss.x,yy+ss.y,color);
                            }
                    }
                }
            }
        }
    }
    Invalidate();
    return;
}
```

7. 蛇模型分割算法

已知：一个图像类对象 mybmp。

结果：分割的结果为 newbmp。

```
CDib mybmp,newbmp;
bool downflag;
double *ImageData;
Node *p,*lastnode;
Node *firstnode;
CPoint p_OldPos;
int num_snake_points;
Grad *fG;
double *grad_mag;
CPoint *pos,*Snake_points;
double alpha,beta,gamma;  /* 能量权值 */
double *curvature;
bool over;
double threshold_curvature;
```

构造函数中的初始化如下：

```
downflag = false;
lastnode=NULL;
num_snake_points = 0;
firstnode = new Node;
```

在鼠标的左击事件中加入初始化过程：

```
void CImageprocessView::OnLButtonDown(UINT nFlags, CPoint point)
{
    if(num_snake_points==0)
    {
         static int i =0;
         COLORREF color=RGB(255,0,0);
         penWidth=3;
         if (i==0)
         {
               myPen.CreatePen(PS_SOLID,penWidth,color);
               i=1;
         }
    }
    if (downflag)
    {
         CClientDC dc(this);
         //画出当前点
         dc.SelectObject(&myPen);
         dc.MoveTo(point);
         dc.LineTo(point);
```

```
            p=new(Node);
            p->point=point;
            p->next=lastnode;
            lastnode=p;
            if (num_snake_points == 0)
            {
                firstnode->point = point;
                p_OldPos=point;
            }
            if ( num_snake_points >0)
            {
                dc.MoveTo(p_OldPos);
                dc.LineTo(point.x,point.y);
                CPoint firstpoint,thepoint;
                firstpoint = firstnode->point;
                thepoint = point;
                p_OldPos=point;
                //结束初始化控制点
                if(sqrt((firstpoint.x-point.x)*(firstpoint.x-point.x)
                      +(firstpoint.y-point.y)*(firstpoint.y-point.y))<8)
                {
                      pos=new CPoint[num_snake_points];
                      long num=0;
                      Node *tmpnod;
                      tmpnod = p ;
                      while(tmpnod!=NULL)
                      {
                          p=tmpnod;
                          pos[num]=p->point;
                          num++;
                          tmpnod=p->next;
                          delete(p);
                      }
                      dc.MoveTo(p_OldPos);
                      dc.LineTo(firstpoint.x,firstpoint.y);
                      Gauss();
                      Gradient();
                      downflag = false;
                }
        }
        num_snake_points++;
        }
        CView::OnLButtonDown(nFlags, point);
}
```

主动轮廓线的演化过程如下：

```
void CImageprocessView::SnakeEvolution()
{
```

```
    double alpha = -1;    //外能量参数
    double beta = 1;      //弯曲内能系数，二阶导数
    double gamma = -1;    //弹性势能系数，一阶导数
    Snake_points=pos;
    double Ex_engery[3][3],In_engery1[3][3],In_engery2[3][3];
    CPoint tmppoint;
    double *Iterenergy = new double[num_snake_points+100];
    double *curvature = new double[num_snake_points+100];

    int n = num_snake_points;
    //每个控制点的最小能量
    for(int i=0;i<num_snake_points;i++)
    {
    Iterenergy[i] = 100000;
    }

    for (int IterNum = 0 ;IterNum<30; IterNum++)
     for(int i=0;i<num_snake_points;i++)
     {
          GetExternalEnergy(i,Ex_engery);    //计算 i 的邻域 9 个像素的外能量
          GetBlendingEnergy(i,In_engery1);  //计算 i 的邻域 9 个像素的弯曲内量
          GetElasticEnergy(i,In_engery2);    //计算 i 的邻域 9 个像素的弹性内量
          double minenergy = 100000;
          int tmpk1,tmpk2;
          for (int k1 = 0 ; k1 < 3;k1++)
          for (int k2 = 0 ; k2 < 3;k2++)
          {
                 double energy = alpha * Ex_engery[k1][k2] + beta *In_
                     engery1[k1][k2]
                                  + gamma * In_engery2[k1][k2];
                if ( energy < minenergy )
                {
                      tmpk1 = k1;
                      tmpk2 = k2;
                      minenergy = energy;
                }
          }
          if (minenergy< Iterenergy[i] && fabs(minenergy)>1e-6)
          {
                Snake_points[i].x = Snake_points[i].x -1 + tmpk2;
                Snake_points[i].y = Snake_points[i].y -1 + tmpk1;
                Iterenergy[i] = minenergy;
          }
    }
}
```

计算像素 i 的邻域 9 个像素的外能量的函数如下：

```
void CImageprocessView::GetExternalEnergy(int i, double Ex_energy[3][3])
```

```
{
     CPoint CentralPoint = Snake_points[i];
     for (int k1 = 0 ; k1 < 3;k1++)
     for (int k2 = 0 ; k2 < 3;k2++)
     {
            int tmpx,tmpy;
            tmpx = CentralPoint.x -1+ k2;
            tmpy = CentralPoint.y -1+ k1;
            if( tmpx > 0 && tmpx <sizeimage.cx-1 && tmpy > 0 && tmpy <sizeimage.
                cy-1 )
            {
                int Ix,Iy;
                Iy=ImageData[(tmpy-1)*sizeimage.cx+tmpx]
                   -ImageData[tmpy*sizeimage.cx +tmpx];
                Ix = ImageData[tmpy*sizeimage.cx +tmpx]
                   - ImageData[tmpy*sizeimage.cx +tmpx-1] ;
                Ex_energy[k1][k2] = sqrt(Ix*Ix+Iy*Iy);

            }
     }
}
```

计算像素 i 的邻域 9 个像素的弯曲内量的函数如下：

```
//弯曲势能的计算
void CImageprocessView::GetBlendingEnergy(int i, double In_engery1[3][3])
{
     CPoint CentralPoint = Snake_points[i];
     int n = num_snake_points;
     CPoint lastpoint = Snake_points[(i-1+n)%n],nextpoint = Snake_points
         [(i+1+n)%n];
     CPoint midpoint( (lastpoint.x+nextpoint.x)/2 ,(lastpoint.y+nextpoint.
         y)/2);
     for (int k1 = 0 ; k1 < 3;k1++)
     for (int k2 = 0 ; k2 < 3;k2++)
     {
            int tmpx,tmpy;
            tmpx = CentralPoint.x -1+ k2;
            tmpy = CentralPoint.y -1+ k1;
            In_engery1[k1][k2] = sqrt((tmpx - midpoint.x)*(tmpx - midpoint.x)
                                 +(tmpy - midpoint.y)*(tmpy - midpoint.
                                    y));
     }
}
```

计算像素 i 的邻域 9 个像素的弹性内量的函数如下：

```
void CImageprocessView::GetElasticEnergy(int i, double In_engery2[3][3])
{
     int n = num_snake_points;
```

```
    CPoint lastpoint = Snake_points[(i-1+n)%n],nextpoint = Snake_points
        [(i+1+n)%n];
    CPoint midpoint( (lastpoint.x+nextpoint.x+0.5)/2 ,(lastpoint.
        y+nextpoint.y+0.5)/2);
    CPoint tmp1 = Snake_points[i] - lastpoint;
    CPoint tmp2 = nextpoint - Snake_points[i];
    double tx,ty;
    tx = (double)tmp1.x/sqrt(tmp1.x * tmp1.x
        + tmp1.y * tmp1.y)+(double)tmp2.x/sqrt(tmp2.x * tmp2.x+ tmp2.y *
            tmp2.y);
    ty = (double)tmp1.y/sqrt(tmp1.x * tmp1.x+tmp1.y * tmp1.y)
        +(double)tmp2.y/sqrt(tmp2.x * tmp2.x+ tmp2.y * tmp2.y);
    //计算法线方向
    double npointx,npointy;
    npointx = -ty;
    npointy =  tx;
    CPoint CentralPoint = Snake_points[i];
    for (int k1 = 0 ; k1 < 3;k1++)
    for (int k2 = 0 ; k2 < 3;k2++)
    {
          int tmpx,tmpy;
          tmpx = CentralPoint.x -1+ k2;
          tmpy = CentralPoint.y -1+ k1;
          CPoint tmp;
          tmp.x = CentralPoint.x - tmpx;
          tmp.y = CentralPoint.y - tmpy;
          In_engery2[k1][k2] = tmp.x * npointx + tmp.y * npointy ;
    }
}
```

在 MFC 的 onTimer 事件中加入演化的功能，如下所示：

```
void CImageprocessView::OnTimer(UINT nIDEvent)
{
     SnakeEvolution();
     CDC *pDC;
     pDC=GetDC();
     RedrawWindow();
     CPen pen1(PS_SOLID,2,RGB(255,30,0)),pen2(PS_SOLID,3,RGB(255,0,0));
     CPen* pOldPen=pDC->SelectObject(&pen1);
     int i=0;
     pDC->MoveTo(Snake_points[0]);
     for(i=0;i<num_snake_points;i++)
     {
          pDC->LineTo(Snake_points[i]);
          int x=Snake_points[i].x;
          int y=Snake_points[i].y;
          pOldPen=pDC->SelectObject(&pen2);
          pDC->Ellipse(x-2,y-2,x+2,y+2);
```

```
            }
            pDC->LineTo(Snake_points[0]);
        }
        else
        {
            OnLevelsetevolution();
            Invalidate();

        }
        CView::OnTimer(nIDEvent);
    }
```

附录 B　基于 OpenCV 的 C++ 图像处理参考代码

B.1　图像的基本运算与变形处理

1. 加运算

假设 img1 和 img2 类型声明为如下形式，并且它们已经读入内存，结果图像为 resultimg，利用 OpenCV 实现图像加运算的方法如下：

```
IplImage *img1, *img2, *resultimg ;
for(int y=0;y<imgtmpsize.height;y++)
for(int x=0;x<imgtmpsize.width;x++)
{
       CvScalar cvColor1=cvGet2D(img1,y,x);
       CvScalar cvColor2=cvGet2D(img2,y,x);
       CvScalar cvColor;
       cvColor.val[0] = (cvColor1.val[0] + cvColor2.val[0])%256;
       cvColor.val[1] = (cvColor1.val[1] + cvColor2.val[1])%256;
       cvColor.val[2] = (cvColor1.val[2] + cvColor2.val[2])%256;
       cvSet2D( resultimg,y,x,cvColor );
}
```

2. 减运算

假设 img1 和 img2 类型声明为如下形式，并且它们已经读入内存，结果图像为 resultimg，利用 OpenCV 实现图像减运算的方法如下：

```
IplImage *img1, *img2, *resultimg ;
for(int y=0;y<imgtmpsize.height;y++)
for(int x=0;x<imgtmpsize.width;x++)
{
   CvScalar cvColor1=cvGet2D(img1,y,x);
   CvScalar cvColor2=cvGet2D(img2,y,x);
   CvScalar cvColor;
   cvColor.val[0] = cvColor1.val[0] - cvColor2.val[0];
   cvColor.val[1] = cvColor1.val[1] - cvColor2.val[1];
   cvColor.val[2] = cvColor1.val[2] - cvColor2.val[2];

     if(cvColor.val[0]<0)  cvColor.val[0]=0;
     if(cvColor.val[1]<0)  cvColor.val[1]=0;
     if(cvColor.val[2]<0)  cvColor.val[2]=0;
   cvSet2D( resultimg,y,x,cvColor );
}
```

3. 乘运算

假设 img1 和 img2 类型声明为如下形式，并且已经读入内存，结果图像为 resultimg，利用 OpenCV 实现图像乘运算的方法如下：

```
IplImage *img1, *img2, *resultimg;
for(int y=0;y<imgtmpsize.height;y++)
for(int x=0;x<imgtmpsize.width;x++)
{
        CvScalar cvColor1=cvGet2D(img1,y,x);
        CvScalar cvColor2=cvGet2D(img2,y,x);
        CvScalar cvColor;
        cvColor.val[0] = (cvColor1.val[0] * cvColor2.val[0])%256;
        cvColor.val[1] = (cvColor1.val[1] * cvColor2.val[1])%256;
        cvColor.val[2] = (cvColor1.val[2] * cvColor2.val[2])%256;
        cvSet2D( resultimg,y,x,cvColor );
}
```

4. 除运算

假设 img1 和 img2 类型声明为如下形式，并且已经读入内存，结果图像为 resultimg，利用 OpenCV 实现图像除运算的方法如下：

```
IplImage *img1, *img2, *resultimg;
for(int y=0;y<imgtmpsize.height;y++)
for(int x=0;x<imgtmpsize.width;x++)
{
        CvScalar cvColor1=cvGet2D(img1,y,x);
        CvScalar cvColor2=cvGet2D(img2,y,x);
        CvScalar cvColor;
        cvColor.val[0] = cvColor1.val[0] *1.0/ cvColor2.val[0];
        cvColor.val[1] = cvColor1.val[1] *1.0/ cvColor2.val[1];
        cvColor.val[2] = cvColor1.val[2] *1.0/ cvColor2.val[2];
        cvSet2D( resultimg,y,x,cvColor );
}
```

5. 二值化处理

算法名称：彩色图像二值化处理，OpenCV 实现方法。

已知：一幅图像 img。

结果：二值化图像的结果为 binaryresult。

```
IplImage *img, *binaryresult;
void CImageProcessingView::OnBinary ()
{
img =cvLoadImage("lena.jpg",0);              //读入后强制转为灰度图像
cvNamedWindow( "Image", 1 );    //创建窗口
cvShowImage( "Image", img);     //显示图像
```

```
    CvSize imgtmpsize = cvGetSize( img);
    binaryresult = cvCreateImage(cvGetSize(img),img->depth,img->nChannels);
    //二值化处理,30 和 200.0 为阈值
    cvThreshold(img, binaryresult, 30,200.0, CV_THRESH_BINARY);
cvNamedWindow( "ResultImage", 1 );          //创建窗口
cvShowImage( "ResultImage", binaryresult); //显示图像
}
```

6. 与运算

算法名称：图像与运算的 OpenCV 实现方法。

已知：两幅图像 img1 和 img2。

结果：与运算结果为 resultimg。

利用 OpenCV 实现图像与运算的方法如下：

```
IplImage *img1, *img2, *resultimg;
void CImageProcessingView::OnAnd()
{
     CvSize imgtmpsize = cvGetSize( img1);
     int nHeight = imgtmpsize.height;
     int nWidth = imgtmpsize.width;
     resultimg = cvCreateImage(imgtmpsize, IPL_DEPTH_8U, 1);

     Invalidate();
}
```

7. 或运算

算法名称：图像或运算的 OpenCV 实现方法。

已知：两幅图像 img1 和 img2。

结果：或运算结果为 resultimg。

利用 OpenCV 实现图像或运算的方法如下：

```
IplImage *img1, *img2, *resultimg;
for(int y=0;y<nHeight;y++)
for(int x=0;x<nWidth;x++)
{
      CvScalar cvColor1 = cvGet2D(img1,y,x);
      CvScalar cvColor2 = cvGet2D(img2,y,x);
      CvScalar cvColor;
      if(cvColor1.val[0] == 255 && cvColor2.val[0] == 255)
           cvColor.val[0] = 255;
      else
           cvColor.val[0] = 0;
      cvSet2D( resultimg,y,x,cvColor );
}
```

8. 补运算

算法名称：图像补运算的 OpenCV 实现方法。

已知：一幅图像 img。

结果：补运算结果为 resultimg。

利用 OpenCV 实现图像补运算的方法如下：

```
for(int y=0;y<nHeight;y++)
for(int x=0;x<nWidth;x++)
{
        CvScalar cvColor1 = cvGet2D(img,y,x);
        CvScalar cvColor;
        cvColor.val[0] = 255 - cvColor1.val[0];
        cvSet2D( resultimg,y,x,cvColor );
}
```

9. 图像平移变换

算法名称：图像平移变换的 OpenCV 实现方法。

已知：一幅图像 img。

结果：平移变换结果为 resultimg。

利用 OpenCV 实现图像平移变换的方法如下：

```
IplImage *img, *resultimg;
int xoffset =30;            // 水平方向平移的位移量 30
int yoffset =50;            // 垂直方向平移的位移量 50
for(int x = 0; x < nWidth; x++)
for(int y = 0; y < nHeight; y++)
{
       // 计算该像素在原图像中的坐标
       int x0 = x - xoffset;
       int y0 = y - yoffset;
       CvScalar color;
       // 判断是否在原图像区域内
       if( (x0 >= 0) && (x0 < nWidth) && (y0 >= 0) && (y0 < nHeight))
               color = cvGet2D(img,y0,x0);
       else
       { // 对于原图像中没有颜色的像素，直接赋值为白色
         color.val[0] = 255;
         color.val[1] = 255;
         color.val[2] = 255;
       }
       cvSet2D( resultimg,y,x,color );
}
```

10. 镜像变换

算法名称：图像镜像变换的 OpenCV 实现方法。

已知：一幅图像 img。

结果：镜像变换结果为 resultimg。

```
IplImage *img, *resultimg;
```

调用 OpenCV 的 cvFlip 函数实现图像镜像变换。Flip 函数原型声明为

```
void cvFlip( const CvArr* src, CvArr* dst=NULL, int flip_mode=0);
```

cvFlip 函数原型中第三个参数 flip_mode 的取值决定于镜像方式。其中，flip_mode = 0 表示沿 X 轴镜像，flip_mode > 0 (如 1) 表示沿 Y 轴镜像，flip_mode < 0 (如 −1) 表示沿 X 轴和 Y 轴镜像。

水平镜像变换的实现方法如下：

```
// 方法一：
resultimg = cvCreateImage(imgsize, img->depth, img->nChannels);
cvFlip(img, resultimg, 1);

//方法二：
int nHeight = imgsize.height;
int nWidth = imgsize.width;
for(int x = 0; x < nWidth; x++)
for(int y = 0; y < nHeight; y++)
{
     CvScalar color;
     color = cvGet2D(img, y,nWidth - x -1);
     cvSet2D( resultimg,y,x,color );
}
```

垂直镜像变换的实现方法如下：

```
// 方法一：调用 OpenCV 的 cvFlip 函数
cvFlip(img, resultimg, 0);
// 方法二：
int nHeight = imgsize.height;
int nWidth = imgsize.width;
for(int x = 0; x < nWidth; x++)
for(int y = 0; y < nHeight; y++)
{
  CvScalar color;
  color = cvGet2D(img, nHeight - y -1,x);
  cvSet2D( resultimg,y,x,color );
}
```

11. 旋转变换

利用 OpenCV 实现图像旋转变换时，要以图像的中心为参考坐标系的原点，其功能实现要调用三个函数实现：

```
void MovePosCal (); //计算平移位置
void Rotate();
void MoveBack (); //移回
```

算法名称：图像旋转变换的 OpenCV 实现方法。

已知：一幅图像 img。

结果：旋转变换结果为 resultimg。

```
IplImage *img, *resultimg;
// 原图像四个角的坐标（以图像中心为坐标系原点）
float XS1,YS1,XS2,YS2,XS3,YS3,XS4,YS4;
void MoveTOOrigin()
{
      CvSize imgsize = cvGetSize( img);
      long Width = imgsize.width;         // 获取图像的宽度
      long Height = imgsize.height;       // 获取图像的高度

      // 计算原图像的四个角的坐标（以图像中心为坐标系原点）
      XS1 = (float) (- Width  / 2);   YS1 = (float) (  Height / 2);
      XS2 = (float) (  Width  / 2);  YS2 = (float) (  Height / 2);
      XS3 = (float) (- Width  / 2);   YS3 = (float) (- Height / 2);
      XS4 = (float) (  Width  / 2);  YS4 = (float) (- Height / 2);
}

//旋转变换
void Rotate()
{

      //假设旋转的角度数是 40°
      double angle = 40;
      // 将旋转角度从度转换到弧度
      float    fRotateAngle = angle *3.1415926535/180.0;
      float    fSina, fCosa;                          // 旋转角度的正弦和余弦
      fSina = (float) sin((double)fRotateAngle);     // 计算旋转角度的正弦
      fCosa = (float) cos((double)fRotateAngle);     // 计算旋转角度的余弦
      // 旋转后四个角的坐标（以图像中心为坐标系原点）
      float    XD1,YD1,XD2,YD2,XD3,YD3,XD4,YD4;
      // 计算新图像四个角的坐标（以图像中心为坐标系原点）
      XD1 =  fCosa * XS1 + fSina * YS1; YD1 = -fSina * XS1 + fCosa * YS1;
      XD2 =  fCosa * XS2 + fSina * YS2; YD2 = -fSina * XS2 + fCosa * YS2;
      XD3 =  fCosa * XS3 + fSina * YS3; YD3 = -fSina * XS3 + fCosa * YS3;
      XD4 =  fCosa * XS4 + fSina * YS4; YD4 = -fSina * XS4 + fCosa * YS4;
}
void MoveBack ()
{
      CvSize imgsize = cvGetSize( img);
      resultimg = cvCreateImage(imgsize, img->depth, img->nChannels);
```

```
        long Width = imgsize.width;      // 获取图像的宽度
        long Height = imgsize.height;    // 获取图像的高度

        // 计算旋转后图像的实际宽度
        long NewWidth, NewHeight;
        if(fabs(XD4 - XD1)> fabs(XD3 - XD2))
             NewWidth  = fabs(XD4 - XD1)+0.5;
        else
             NewWidth  = fabs(XD3 - XD2)+0.5;
        // 计算旋转后的图像高度
        if(fabs(YD4 - YD1)> fabs(YD3 - YD2))
             NewHeight = fabs(YD4 - YD1)+0.5;
        else
             NewHeight = fabs(YD3 - YD2)+0.5;
        CvSize imgsizeNew;
        imgsizeNew.width = NewWidth; imgsizeNew.height = NewHeight;
        resultimg = cvCreateImage(imgsizeNew, img->depth, img->nChannels);

        for(int x = 0; x < NewWidth; x++)
        for(int y = 0; y < NewHeight; y++)
        {
            CvScalar color;
            //计算新点在原图像上的位置
            int x0  = (x-NewWidth/2) * fCosa - (y-NewHeight/2) * fSina +
                Width/2.0;
            int y0  = (x-NewWidth/2) * fSina + (y-NewHeight/2) * fCosa +
                Height/2.0;

            if( (x0 >= 0) && (x0 < Width) && (y0 >= 0) && (y0 < Height))
                  color = cvGet2D(img, y0,x0);
            else
            {
                  color.val[0] = 255;
                  color.val[1] = 255;
                  color.val[2] = 255;
            }
            cvSet2D( resultimg,y,x,color );
        }
        Invalidate();
}
void CImageProcessingView::OnRotate()
{
        MoveTOOrigin();
        Rotate();
        MoveBack();
}
```

12. 前向映射法实现缩放功能

算法名称：用前向映射法实现图像缩放功能的 OpenCV 实现。

已知：一幅图像 img。

结果：缩放结果为 resultimg。

```
IplImage *img, *resultimg;
for(int x = 0; x < Width; x++) //原图像的宽度
for(int y = 0; y < Height; y++)//原图像的高度
{
        CvScalar color = cvGet2D(img,y,x);
        //计算点在新图像上的位置
        int x0 = x * XZoomRatio + 0.5;
        int y0 = y * YZoomRatio + 0.5;
        for(int m1 = -1; m1 <= 1; m1++)
        for(int m2 = -1; m2 <= 1; m2++)
        {
             if((x0 + m1 >= 0) && (x0 +m1 < NewWidth)
             && (y0 + m2 >= 0) && (y0+m2 < NewHeight))
                cvSet2D( resultimg,y0 + m2,x0 + m1,color );
        }
}
```

13. 后向映射法实现缩放功能

算法名称：用最近邻插值法实现后向映射图像缩放功能的 OpenCV 实现。

已知：一幅图像 img。

结果：缩放结果为 resultimg。

```
IplImage *img, *resultimg;
for(int x = 0; x < NewWidth; x++)
for(int y = 0; y < NewHeight; y++)
{
CvScalar color;
//计算新点在原图像上的位置
int x0 = (long) (x / XZoomRatio + 0.5);
int y0 = (long) (y / YZoomRatio + 0.5);

if( (x0 >= 0) && (x0 < Width) && (y0 >= 0) && (y0 < Height))
    color = cvGet2D(img1,y0,x0);
else
        {
            color.val[0] = 255;
            color.val[1] = 255;
            color.val[2] = 255;
        }
        cvSet2D( resultimg,y,x,color );
}
```

14. 用双线性插值法实现后向映射的缩放功能

算法名称：用双线性插值法实现后向映射图像缩放功能的 OpenCV 实现。

已知：一幅图像 img。

结果：缩放结果为 resultimg。

```
IplImage *img, *resultimg;
for(int x = 0; x < NewWidth; x++)
for(int y = 0; y < NewHeight; y++)
{
    CvScalar color;
    //计算新点在源图像上的位置
    float cx = x / XZoomRatio;
    float cy = y / YZoomRatio;
    if( ((int)(cx)-1) >= 0 && ((int)(cx)+1) < Width
    && ((int)(cy)-1) >= 0 && ((int)(cy)+1) < Height)
    {
    // f(i+u,j+v) = (1-u)(1-v)f(i,j) + (1-u)vf(i,j+1) + u(1-v)f(i+1,j) +
        uvf(i+1,j+1)
    float u = cx - (int)cx;
    float v = cy - (int)cy;
    int i = (int)cx;
    int j = (int)cy;
    CvScalar color1,color2,color3,color4;
    color1 = cvGet2D(img,j,i);
    color2 = cvGet2D(img,j+1,i);
    color3 = cvGet2D(img,j,i+1);
    color4 = cvGet2D(img,j+1,i+1);

    int r,g,b;
    g = (1-u)*(1-v)* color1.val[1] + (1-u)*v* color2.val[1]
        + u*(1-v)*color3.val[1] + u*v*color4.val[1];
    r = (1-u)*(1-v)* color1.val[2] + (1-u)*v* color2.val[2]
        + u*(1-v)*color3.val[2] + u*v*color4.val[2];
    b = (1-u)*(1-v)* color1.val[0] + (1-u)*v* color2.val[0]
        + u*(1-v)*color3.val[0] + u*v*color4.val[0];
    color.val[0] = b;
    color.val[1] = g;
    color.val[2] = r;
    }
    else
    {
    color.val[0] = 255;
    color.val[1] = 255;
    color.val[2] = 255;
    }
    cvSet2D( resultimg,y,x,color );
}
```

B.2 图像增强处理

1. 线性点运算

核心代码如下：

```
CvSize imgtmpsize = cvGetSize( img);  //取得图像尺度
int nHeight = imgtmpsize.height;
int nWidth = imgtmpsize.width;
IplImage* GrayImg= cvCreateImage(imgtmpsize, IPL_DEPTH_8U, 1); //建灰度图像

for(int y=0;y<nHeight;y++)
for(int x=0;x<nWidth;x++)
{
        CvScalar cvColor=cvGet2D(img, y,x);
        float f = 255-cvColor.val[0];
        cvColor.val[0] = f;
        cvSet2D( GrayImg,y,x,cvColor );   //设置(x,y)的灰度值
}
```

2. 线性变换的实现

核心代码如下：

```
for(int y=0;y<nHeight;y++)
     {
        for(int x=0;x<nWidth;x++)
        {
            CvScalar cvColor=cvGet2D(img, y,x);
            float g = cvColor.val[0];
            double a,b ; //线性变换参数

            if (g>=110){
                a= 2.0;
                b=0;
                g=a * g + b;

                if (g>=255)
                    g=255;
            }
            else if (g<88)    {
            a=0.2;
            b=0;
            g =a * g + b;
        }
        else if(g>88 && g<100) {
             a=0.5;
             b=0;
             g = a * g + b;
```

```
            }
            else if(g>100 && g<110)
            {
                  a=1.3;
                  b=0;
                  g = a * g + b;
            }
                  cvColor.val[0] = g;
                  cvSet2D( GrayImg,y,x,cvColor );    //设置(x,y)的灰度值
            }
        }
```

3. 非线性点运算

算法名称：图像点运算的 OpenCV 实现。

已知：一幅图像 img。

结果：点运算的结果为 resultimg。

利用 OpenCV 实现图像点运算的方法如下：

```
IplImage *img, *resultimg;
//线性点运算
for(int y=0;y<nHeight;y++)
for(int x=0;x<nWidth;x++)
{
    CvScalar cvColor=cvGet2D(img,y,x);
    float fa = 2.2, fb = 1.4;
    float f = fa*cvColor.val[0]+fb;
    cvColor.val[0] = f;
    cvSet2D( resultimg,y,x,cvColor );
}
//对数变换
    for(int y=0;y<nHeight;y++)
    for(int x=0;x<nWidth;x++)
    {
          CvScalar cvColor=cvGet2D(img,y,x);
          float f = c*log(1.0+cvColor.val[0]);
          if(f < 0 ) f = 0;
          if(f > 255) f =255;
          cvColor.val[0] = f;
          cvSet2D( resultimg,y,x,cvColor );
    }
//幂变换
    for(int y=0;y<nHeight;y++)
    for(int x=0;x<nWidth;x++)
    {
          CvScalar cvColor=cvGet2D(img,y,x);
          float f = k*pow(cvColor.val[0],gama);
          if(f < 0 ) f = 0;
```

```
            if(f > 255) f =255;
            cvColor.val[0] = f;
            cvSet2D( resultimg,y,x,cvColor );
}
```

4. 直方图均衡化

要实现彩色图像的直方图均衡化处理，首先要进行灰度化的预处理。假设利用灰度化处理函数已经将彩色图像 img 转化为灰度图像 grayresult，那么可以利用下述方法进行直方图均衡化处理。

算法名称：图像直方图均衡化的 OpenCV 实现。

已知：一幅彩色图像 img。

结果：图像直方图均衡化的结果为 resultimg。

```
IplImage *img, *resultimg;
// 直方图均衡化
void CImageProcessingView::OnHisEqua()
{
   CvHistogram *hist = 0;
   const int HDIM = 256;
   int num = HDIM;
   // 计算直方图
   hist = cvCreateHist( 1, &n, CV_HIST_ARRAY, 0, 1 );
   cvCalcHist( &grayresult, hist, 0, 0 );

   double val = 0;
   double count[HDIM];
   // 分布函数累加
   for (int i = 0; i < num; i++)
  {
      val = val + cvGetReal1D (hist->bins, i);
      count[i] = val;
  }
  //直方图归一化
  uchar T_result[HDIM];
  int sum = grayresult->height * grayresult->width;
  for( i = 0; i < num; i++ )
     T_result [i] = (uchar) (255 * count[i] / sum);
  resultimg = cvCloneImage(grayresult);
  CvMat *T_mat_new = cvCreateMatHeader( 1, 256, CV_8UC1 );
  cvSetData( T_mat_new, T_result, 0 );
  cvLUT( img, resultimg, T_mat _new);
  Invalidate();
}
```

5. 利用强度分层法的伪彩色处理

算法名称：利用强度分层法进行图像伪彩色处理的算法的 OpenCV 实现。

已知：一幅灰度图像 img。

结果：图像伪彩色处理的结果为 resultimg。

```
// 强度分层法的伪彩色算法
IplImage *img, *resultimg;
void CImageProcessingView::OnhierarchyColor()
{
    resultimg = cvCreateImage(cvGetSize(img),img->depth,img->nChannels);
    //图像分为若干个灰度级，假设为 51 个等级
    int graylevel =5;
    //随机产生颜色
    CvScalar* color_new = new CvScalar[graylevel+1];
    srand((unsigned int)time(NULL));
    for(int i = 0; i <= graylevel; i++)
    {
        color_new [i].val[0] = (unsigned char)rand()%255;
        color_new [i].val[1] = (unsigned char)rand()%255;
        color_new [i].val[2] = (unsigned char)rand()%255;
    }

    // 对图像的颜色进行变换
    for(int x = 0; x < img->width; x++)
    for(int y = 0; y < img->height; y++)
    {
        CvScalar color;
        color = cvGet2D(img,y,x);
        int level = color.val[0]/50;   //对 255 个强度等级的图像，分六种颜色
        cvSet2D(resultimg,y,x, color_new[level]);
    }
    Invalidate();
}
```

6. 灰度级到彩色变换的伪彩色处理算法

已知：一幅灰度图像 img。

结果：图像伪彩色处理的结果为 resultimg。

```
// 灰度级到彩色变换的伪彩色算法
IplImage *img, *resultimg;
void CImageProcessingView::OnDensiTransColor()
{
    resultimg = cvCreateImage(cvGetSize(img),img->depth,img->nChannels);
    // 对图像的像素值进行变换
    for(int x = 0; x < img->width; x++)
    for(int y = 0; y < img->height; y++)
   {
      CvScalar colornew, color;
      color = cvGet2D(img,y,x);
      colornew.val[0] = (int)(( color.val[0] * 2+80)/1+20);
```

```
        colornew.val[1] = (int)(( color.val[1] * 4+120)/3+21);
        colornew.val[2] = (int)(( color.val[2] +40)/2+3);
        cvSet2D(resultimg,y,x, colornew);
    }
    Invalidate();
}
```

7. 图像空域平滑的均值滤波算法

已知：一幅图像 img。

结果：空域平滑均值滤波的结果为 resultimg。

```
IplImage *img, *resultimg;
void CImageProcessingView::OnMean ()
{
     img2= cvCreateImage( cvGetSize(img), img->depth, img->nChannels);
     CvSize imgtmpsize = cvGetSize( img);
     int height = imgtmpsize.height;
     int width = imgtmpsize.width;
     int channels=img->nChannels;
     //添加椒盐噪声
     float psalt=0.1;
     float ppepper=0.2;
     for(int i=0; i<height; i++)
     for(int j=0; j<width; j++)
     {
              float valsalt=(float)rand()/65535;
              float valpepper=(float)rand()/65535;
              CvScalar s=cvGet2D(img1, i, j);
              for(int k=0; k<channels; k++)
              {
                 if (valsalt<=psalt && valsalt>valpepper)
                     s.val[k]=255;
                 else if(valpepper<=ppepper && valpepper>=valsalt)
                     s.val[k]=0;
              }
               cvSet2D(img2, i, j, s);
       }
     IplImage * resultimg =cvCreateImage( imgtmpsize, img->depth, channels );
     cvAdd(img2, img, img2);
     //邻域平均滤波
     resultimg = cvCreateImage( cvGetSize(img), img->depth, img-
         >nChannels);
     cvSmooth(img2,resultimg,CV_BLUR,3,3,0,0);    //3×3 邻域
     Invalidate();
}
```

8. 图像空域平滑的中值滤波

已知：一幅图像 img。

结果：空域平滑中值滤波的结果为 resultimg。

```
IplImage *img, *resultimg;
void CImageProcessingView::pepper(IplImage *img2)
{
    CvSize imgtmpsize = cvGetSize( img);
    int height = imgtmpsize.height;
    int width = imgtmpsize.width;
    int channels=img->nChannels;
    // 添加椒盐噪声
    float salt=0.1;
    float pepper=0.2;
    for(int i=0; i<height; i++)
    for(int j=0; j<width; j++)
    {
          float valsalt=(float)rand()/65535;
          float valpepper=(float)rand()/65535;
          CvScalar s=cvGet2D(img1, i, j);
          for(int k=0; k<channels; k++)
               if (valsalt<=salt && valsalt>valpepper)
                     s.val[k]=255;
               else if(valpepper<=pepper && valpepper>=valsalt)
                     s.val[k]=0;
         cvSet2D(img2, i, j, s);
    }
}

void CImageProcessingView::OnMedian()
{
    IplImage *img2;
    img2 = cvCreateImage( cvGetSize(img), img->depth, img->nChannels);
    pepper(img2);
    cvAdd(img2, img, img2);
    // 中值滤波
    resultimg  =  cvCreateImage(  cvGetSize(img),  img->depth,  img-
        >nChannels);
    cvSmooth(img2,resultimg,CV_MEDIAN,3,3,0,0);    //3×3
    Invalidate();
}
```

9. 图像空域的梯度锐化算法

已知：一幅图像 img。

结果：梯度锐化结果为 resultimg。

```
IplImage *img, *resultimg;
void CImageProcessingView::OnGradSharp()
{
    resultimg = cvCreateImage( cvGetSize(img), img->depth, img->nChannels);
```

```
    int width = cvGetSize(img).width;
    int height = cvGetSize(img).height;

    for(int i = 0; i < height-1; i++)
    for(int j = 0; j < width-1; j++)
     {
         CvScalar color1 = cvGet2D(img, i, j);
         CvScalar color2 = cvGet2D(img, i+1, j);
         CvScalar color3 = cvGet2D(img, i, j+1);
         int bTemp = abs(color1.val[0] - color2.val[0]) + abs(color1.
             val[0] - color3.val[0] );

         // 判断是否小于阈值
         if (bTemp < 255)
         {
             // 判断是否大于阈值
             if (bTemp >= 10)
             {
                 color1.val[0] = bTemp;
                 cvSet2D(resultimg, i, j, color1);
             }
             else
             {
                 color1.val[0] = 255;
                 cvSet2D(resultimg, i, j, color1);
             }
         }
         Else // 对于小于阈值的情况，灰度值不变。
         {
             color1.val[0] = 255;
             cvSet2D(resultimg, i, j, color1);
         }
     }
     Invalidate();
}
```

10. 图像空域的 Prewitt 锐化算法

已知：一幅图像 img。

结果：锐化结果为 resultimg。

```
IplImage *img, *resultimg;
void CImageProcessingView::OnPrewitt()
{
     resultimg = cvCreateImage( cvGetSize(img), img->depth, img-
         >nChannels);
     for(int i = 0; i < img->width; i++)
     for(int j = 0; j < img->height; j++)
     {
```

```
            CvScalar color;
            color.val[0] = 255;
            cvSet2D(resultimg,j,i,color);
        }
        //定义 Prewitt 算子的模板
          float prewittx[9] =
               {
                    -1,0,1,
                    -1,0,1,
                    -1,0,1
               };
          float prewitty[9] =
               {
                    1,1,1,
                    0,0,0,
                    -1,-1,-1
               };
          CvMat px = cvMat(3,3,CV_32F,prewittx);
          CvMat py = cvMat(3,3,CV_32F,prewitty);
          IplImage *dstx = cvCreateImage(cvGetSize(img),8,1);
          IplImage *dsty = cvCreateImage(cvGetSize(img),8,1);
          cvFilter2D(img,dstx,&px,cvPoint(-1,-1));
          cvFilter2D(img,dsty,&py,cvPoint(-1,-1));
          int temp;
          float tempx,tempy;
          uchar* ptrx = (uchar*) dstx->imageData;
          uchar* ptry = (uchar*) dsty->imageData;
          for( i = 0;i<img->width;i++)
          for(int j = 0;j<img->height;j++)
          {
                  tempx = ptrx[i+j*dstx->widthStep];
                  tempy = ptry[i+j*dsty->widthStep];
                  temp = (int) sqrt(tempx*tempx+tempy*tempy);
                  if(temp>100) temp = 255;
                  else temp = 0;
                  resultimg ->imageData[i+j*dstx->widthStep] = temp;
           }
           double min_val = 0, max_val = 0;//取图并显示图像中的最大和最小像素值
           cvMinMaxLoc(resultimg,&min_val,&max_val);
           Invalidate();
}
```

11. 图像空域的 Sobel 锐化算法

已知：一幅图像 img。

结果：锐化结果为 resultimg。

```
IplImage *img, *resultimg;
void CImageProcessingView::OnSobel()
```

```
{
    resultimg = cvCreateImage( cvGetSize(img), img->depth, img-
        >nChannels);
    cvSobel(img, resultimg,0,1,3);
    Invalidate();
}
```

12. 图像空域的 Laplacian 锐化算法

已知：一幅图像 img。

结果：锐化结果为 resultimg。

```
IplImage *img, *resultimg;
void CImageProcessingView::OnLaplacian()
{
    resultimg = cvCreateImage(cvGetSize(img),IPL_DEPTH_32F,1);
    cvLaplace(img, resultimg,7);
    Invalidate();
}
```

13. 图像空域的 LOG 锐化算法

已知：一幅图像 img。

结果：锐化结果为 resultimg。

```
IplImage *img, *resultimg;
void CImageProcessingView::OnGaussLaplacian()
{
    resultimg = cvCreateImage( cvGetSize(img), img->depth, img-
        >nChannels);
    FLOAT aTemplate[25];                    // 模板数组
    // 设置模板参数
    aTemplate[0] = -2.0;   aTemplate[1] = -4.0;   aTemplate[2] = -4.0;
    aTemplate[3] = -4.0;   aTemplate[4] = -2.0;   aTemplate[5] = -4.0;
    aTemplate[6] = 0.0;    aTemplate[7] = 8.0;    aTemplate[8] = 0.0;
    aTemplate[9] = -4.0;   aTemplate[10] = -4.0;  aTemplate[11] = 8.0;
    aTemplate[12] = 24.0;  aTemplate[13] = 8.0;   aTemplate[14] = -4.0;
    aTemplate[15] = -4.0;  aTemplate[16] = 0.0;   aTemplate[17] = 8.0;
    aTemplate[18] = 0.0;   aTemplate[19] = -4.0;  aTemplate[20] = -2.0;
    aTemplate[21] = -4.0;  aTemplate[22] = -4.0;  aTemplate[23] = -4.0;
    aTemplate[24] = -2.0;
    for(int i = 2; i < img->height - 2; i++)
    for(int j = 2; j < img->width - 2; j++)
    {
        CvScalar color;
        float fResult = 0;

        for (int k = 0; k < 5; k++)
        for (int l = 0; l < 5; l++)
```

```
            {
              color = cvGet2D(img,i - 2 + k,j - 2 + l);
              fResult += color.val[0] * aTemplate[k * 5 + l]; //保存像素值
             }
            fResult = fabs(fResult); // 取绝对值
            if(fResult > 255)
            {
              color.val[0] = 255;
              cvSet2D(resultimg,i,j,color);
            }
            else
            {
              color.val[0] =  fResult + 0.5;
              cvSet2D(resultimg,i,j,color);
            }
        }
        Invalidate();
}
```

14. 低通滤波器的实现

在低通滤波器的实现中，设计了低通滤波函数 ILPF，其中，参数 src 是要处理的图像，type 是低通滤波的类型（0 表示理想低通滤波器，1 表示巴特沃思低通滤波器，2 表示高斯低通滤波器，3 表示指数低通滤波器，4 表示梯形低通滤波器）。下面各个低通滤波器的设计调用了该函数，ILPF 定义如下：

```
void CImageProcessingView::ILPF(CvMat* src, const double D0,int type)
{
    int i, j;
    int state = -1;
    double tempD;
    long width, height;
    width = src->width;    height = src->height;
    long x, y;
    x = width / 2;     y = height / 2;
    CvMat* H;
    H = cvCreateMat(src->height,src->width, CV_64FC2);
    for(i = 0; i < height; i++)
    for(j = 0; j < width; j++)
    {
    tempD = sqrt(i*i + j*j);
    if(type == 0)          // 理想低通滤波器
    {
         if(tempD >= D0)
         {
              ((double*)(H->data.ptr + H->step * i))[j * 2] = 0.0;
              ((double*)(H->data.ptr + H->step * i))[j * 2 + 1] = 0.0;
         }
```

```
            else
            {
                ((double*)(H->data.ptr + H->step * i))[j * 2] = 1.0;
                ((double*)(H->data.ptr + H->step * i))[j * 2 + 1] = 0.0;
            }
        }
        else if(type == 1)   //巴特沃思低通滤波器
        {
            tempD = 1 / (1 + pow( tempD/ D0, 2 * 2));
            ((double*)(H->data.ptr + H->step * i))[j * 2] = tempD;
            ((double*)(H->data.ptr + H->step * i))[j * 2 + 1] = 0.0;
        }
        else if(type ==2)    //高斯低通滤波器
        {
            tempD = 1 - exp(-0.5 * pow( D0/ tempD, 2));
            ((double*)(H->data.ptr + H->step * i))[j * 2] = tempD;
            ((double*)(H->data.ptr + H->step * i))[j * 2 + 1] = 0.0;
        }
        else if(type ==3) //指数低通滤波器
        {
            tempD = exp(-pow( tempD/D0 , 2));
            ((double*)(H->data.ptr + H->step * i))[j * 2] = tempD;
            ((double*)(H->data.ptr + H->step * i))[j * 2 + 1] = 0.0;
        }
        else if(type ==4) //梯形低通滤波器
        {
            if(tempD<D0)
            {
                ((double*)(H->data.ptr + H->step * i))[j * 2] =1;
                ((double*)(H->data.ptr + H->step * i))[j * 2 + 1] = 0.0;
            }
            if(tempD>D1)
            {
                ((double*)(H->data.ptr + H->step * i))[j * 2] = 0.0;
                ((double*)(H->data.ptr + H->step * i))[j * 2 + 1] = 0.0;
            }
            else
            {
                ((double*)(H->data.ptr + H->step * i))[j * 2]=(tempD-D1)/
                    (D0-D1);
                ((double*)(H->data.ptr + H->step * i))[j * 2 + 1] =0.0;
            }
        }
    }
    cvMulSpectrums(src, H, src, CV_DXT_ROWS);
    cvReleaseMat(&H);
}
```

理想低通滤波器的 OpenCV 实现方法如下：

已知：一幅图像 img。

结果：滤波结果为 resultimg。

```
IplImage *img, *resultimg;
double D0 = 40;
IplImage * realInput;
IplImage * imaginaryInput;
IplImage * complexInput;
int M, N;
CvMat* A, tmp, *B;
IplImage * image_Re;
IplImage * image_Im;
double m, M;
```

实现理想低通滤波器时调用以下函数：

```
void CImageProcessingView::Initialize()
{
     resultimg = cvCreateImage(cvGetSize(img),IPL_DEPTH_8U,1);
     realInput = cvCreateImage( cvGetSize(img), IPL_DEPTH_64F, 1);
     imaginaryInput = cvCreateImage( cvGetSize(img), IPL_DEPTH_64F, 1);
     complexInput = cvCreateImage( cvGetSize(img), IPL_DEPTH_64F, 2);

     cvScale(img, realInput, 1.0, 0.0);
     cvZero(imaginaryInput);
     cvMerge(realInput, imaginaryInput, NULL, NULL, complexInput);
     M = cvGetOptimalDFTSize( img11->height - 1 );
     N = cvGetOptimalDFTSize( img11->width - 1 );
     B = cvCreateMat( M, N, CV_64FC2 );
     A = cvCreateMat( M, N, CV_64FC2 );
     cvZero(B);
     image_Re = cvCreateImage( cvSize(N, M), IPL_DEPTH_64F, 1);
     image_Im = cvCreateImage( cvSize(N, M), IPL_DEPTH_64F, 1);
     cvGetSubRect( A,&tmp, cvRect(0,0, img->width, img->height));
     cvCopy( complexInput, &tmp, NULL );
}


void CImageProcessingView::OnReal()
{
     Initialize();
     cvDFT( A, A, CV_DXT_FORWARD, complexInput->height );
     ILPF(A, D0,0);
     cvDFT( A, A, CV_DXT_INVERSE , complexInput->height );
     cvSplit( A, image_Re, image_Im, 0, 0 );
     cvMinMaxLoc(image_Re, &m, &M, NULL, NULL, NULL);
     cvScale(image_Re, image_Re, 1.0/(M-m), 1.0*(-m)/(M-m));
     resultimg = image_Re;
     Invalidate();
}
```

15. 巴特沃斯低通滤波器

已知：一幅图像 img。

结果：滤波结果为 resultimg。

```
IplImage *img, *resultimg;
double D0 ;
IplImage * realInput;
IplImage * imaginaryInput;
IplImage * complexInput;
int M, N;
CvMat* A, tmp, *B;
IplImage * image_Re;
IplImage * image_Im;
double m, M;
```

实现巴特沃斯低通滤波器时调用以下函数：

```
void CImageProcessingView::Initialize()
{
    D0 = 80;
    realInput = cvCreateImage( cvGetSize(img), IPL_DEPTH_64F, 1);
    imaginaryInput = cvCreateImage( cvGetSize(img), IPL_DEPTH_64F, 1);
    complexInput = cvCreateImage( cvGetSize(img), IPL_DEPTH_64F, 2);
    resultimg = cvCreateImage(cvGetSize(img),IPL_DEPTH_8U,1);

    cvScale(img, realInput, 1.0, 0.0);
    cvZero(imaginaryInput);
    cvMerge(realInput, imaginaryInput, NULL, NULL, complexInput);

    M = cvGetOptimalDFTSize( img->height - 1 );
    N = cvGetOptimalDFTSize( img->width - 1 );
    B = cvCreateMat( M, N, CV_64FC2 );
    A = cvCreateMat( M, N, CV_64FC2 );
    cvZero(B);
    image_Re = cvCreateImage( cvSize(N, M), IPL_DEPTH_64F, 1);
    image_Im = cvCreateImage( cvSize(N, M), IPL_DEPTH_64F, 1);

    cvGetSubRect( A,&tmp, cvRect(0,0, img->width, img->height));
    cvCopy( complexInput, &tmp, NULL );
}
void CImageProcessingView::OnBat()
{
    Initialize();
    cvDFT( A, A, CV_DXT_FORWARD, complexInput->height );
    ILPF(A, D0,1);
    cvDFT( A, A, CV_DXT_INVERSE , complexInput->height );
    cvSplit( A, image_Re, image_Im, 0, 0 );
    cvMinMaxLoc(image_Re, &m, &M, NULL, NULL, NULL);
```

```
    cvScale(image_Re, image_Re, 1.0/(M-m), 1.0*(-m)/(M-m));
    resultimg = image_Re;
    Invalidate();
}
```

16. 高斯低通滤波器

已知：一幅图像 img。

结果：滤波结果为 resultimg。

```
IplImage *img, *resultimg;
double D0;
IplImage * realInput;
IplImage * imaginaryInput;
IplImage * complexInput;
int M, N;
CvMat* A, tmp, *B;
IplImage * image_Re;
IplImage * image_Im;
double m, M;
```

实现高斯低通滤波器时调用以下函数：

```
void CImageProcessingView::Initialize()
{
    D0 = 80;
    realInput = cvCreateImage( cvGetSize(img11), IPL_DEPTH_64F, 1);
    imaginaryInput = cvCreateImage( cvGetSize(img11), IPL_DEPTH_64F, 1);
    complexInput = cvCreateImage( cvGetSize(img11), IPL_DEPTH_64F, 2);
    resultimg = cvCreateImage(cvGetSize(img),IPL_DEPTH_8U,1);
    cvScale(img11, realInput, 1.0, 0.0);
    cvZero(imaginaryInput);
    cvMerge(realInput, imaginaryInput, NULL, NULL, complexInput);
    M = cvGetOptimalDFTSize( img11->height - 1 );
    N = cvGetOptimalDFTSize( img11->width - 1 );
    B = cvCreateMat( M, N, CV_64FC2 );
    A = cvCreateMat( M, N, CV_64FC2 );
    cvZero(B);
    image_Re = cvCreateImage( cvSize(N, M), IPL_DEPTH_64F, 1);
    image_Im = cvCreateImage( cvSize(N, M), IPL_DEPTH_64F, 1);
    cvGetSubRect( A,&tmp, cvRect(0,0, img11->width, img11->height));
    cvCopy( complexInput, &tmp, NULL );
}
void CImageProcessingView::OnGuass()
{
    Initialize();
    cvDFT( A, A, CV_DXT_FORWARD, complexInput->height );
    ILPF(A, D0,2);
    cvDFT( A, A, CV_DXT_INVERSE , complexInput->height );
```

```
    cvSplit( A, image_Re, image_Im, 0, 0 );
    cvMinMaxLoc(image_Re, &m, &M, NULL, NULL, NULL);
    cvScale(image_Re, image_Re, 1.0/(M-m), 1.0*(-m)/(M-m));
   resultimg = image_Re;
   Invalidate();
}
```

17. 指数低通滤波器

已知：一幅图像 img。

结果：结果为 resultimg。

```
double D0;
IplImage * realInput;
IplImage * imaginaryInput;
IplImage * complexInput;
int M, N;
CvMat* A, tmp, *B;
IplImage * image_Re;
IplImage * image_Im;
double m, M;
IplImage *img, *resultimg;
```

实现指数低通滤波器时调用以下函数：

```
void CImageProcessingView::Initialize()
{
    D0 = 80;
    realInput = cvCreateImage( cvGetSize(img), IPL_DEPTH_64F, 1);
    imaginaryInput = cvCreateImage( cvGetSize(img), IPL_DEPTH_64F, 1);
    complexInput = cvCreateImage( cvGetSize(img), IPL_DEPTH_64F, 2);
    resultimg = cvCreateImage(cvGetSize(img),IPL_DEPTH_8U,1);

    cvScale(img11, realInput, 1.0, 0.0);
    cvZero(imaginaryInput);
    cvMerge(realInput, imaginaryInput, NULL, NULL, complexInput);

    M = cvGetOptimalDFTSize( img11->height - 1 );
    N = cvGetOptimalDFTSize( img11->width - 1 );
    B = cvCreateMat( M, N, CV_64FC2 );
    A = cvCreateMat( M, N, CV_64FC2 );
    cvZero(B);
    image_Re = cvCreateImage( cvSize(N, M), IPL_DEPTH_64F, 1);
    image_Im = cvCreateImage( cvSize(N, M), IPL_DEPTH_64F, 1);

    cvGetSubRect( A,&tmp, cvRect(0,0, img11->width, img11->height));
    cvCopy( complexInput, &tmp, NULL );
}
```

```
void CImageProcessingView::OnExponent()
{
    Initialize();
    cvDFT( A, A, CV_DXT_FORWARD, complexInput->height );
    ILPF(A, D0,3);
    cvDFT( A, A, CV_DXT_INVERSE , complexInput->height );
    cvSplit( A, image_Re, image_Im, 0, 0 );
    cvMinMaxLoc(image_Re, &m, &M, NULL, NULL, NULL);
    cvScale(image_Re, image_Re, 1.0/(M-m), 1.0*(-m)/(M-m));
    resultimg = image_Re;
    Invalidate();
}
```

18. 梯形低通滤波器

已知：一幅图像 img。

结果：结果为 resultimg。

```
double D0 = 50;
double D1 = 100;
IplImage * realInput;
IplImage * imaginaryInput;
IplImage * complexInput;
int M, N;
CvMat* A, tmp, *B;
IplImage * image_Re;
IplImage * image_Im;
double m, M;
IplImage *img, *resultimg;
```

实现梯形低通滤波器时调用以下函数：

```
void CImageProcessingView::Initialize()
{

    realInput = cvCreateImage( cvGetSize(img), IPL_DEPTH_64F, 1);
    imaginaryInput = cvCreateImage( cvGetSize(img), IPL_DEPTH_64F, 1);
    complexInput = cvCreateImage( cvGetSize(img), IPL_DEPTH_64F, 2);
    resultimg = cvCreateImage(cvGetSize(img),IPL_DEPTH_8U,1);
    cvScale(img, realInput, 1.0, 0.0);
    cvZero(imaginaryInput);
    cvMerge(realInput, imaginaryInput, NULL, NULL, complexInput);
    M = cvGetOptimalDFTSize( img->height - 1 );
    N = cvGetOptimalDFTSize( img->width - 1 );
    B = cvCreateMat( M, N, CV_64FC2 );
    A = cvCreateMat( M, N, CV_64FC2 );
    cvZero(B);
    image_Re = cvCreateImage( cvSize(N, M), IPL_DEPTH_64F, 1);
    image_Im = cvCreateImage( cvSize(N, M), IPL_DEPTH_64F, 1);
```

```
    cvGetSubRect( A,&tmp, cvRect(0,0, img11->width, img11->height));
    cvCopy( complexInput, &tmp, NULL );

    }

    void CImageProcessingView::OnTl()
    {
     Initialize();
     cvDFT( A, A, CV_DXT_FORWARD, complexInput->height );
     ILPF(A, D0,4);
     cvDFT( A, A, CV_DXT_INVERSE , complexInput->height );
     cvSplit( A, image_Re, image_Im, 0, 0 );
     cvMinMaxLoc(image_Re, &m, &M, NULL, NULL, NULL);
     cvScale(image_Re, image_Re, 1.0/(M-m), 1.0*(-m)/(M-m));
     resultimg = image_Re;
     Invalidate();
}
```

19. 高通滤波增强

在高通滤波器的实现中，设计了高通滤波函数 IHPF。其中参数 src 是要处理的图像，D0 是截止频率，filtertype 是高通滤波的类型（0 为理想高通滤波器，1 为巴特沃思高通滤波器，2 为高斯高通滤波器，3 为指数高通滤波器，4 为梯形高通滤波器）。下面各个高通滤波器的设计调用了该函数，IHPF 的定义如下：

```
void CImageProcessingView::IHPF(CvMat* src, const double D0,int filtertype)
{
     int i, j;
     int state = -1;
     double tempD;
     long width, height;
     width = src->width;
     height = src->height;
     long x, y;
     x = width / 2;
     y = height / 2;
     CvMat* H_mat;
     H_mat = cvCreateMat(src->height,src->width, CV_64FC2);
     for(i = 0; i < height; i++)
     for(j = 0; j < width; j++)
     {
           tempD = sqrt(i*i+j*j);
           if(filtertype == 0) //二维理想高通滤波器
           {
                 if(tempD <= D0)
                 {
                      ((double*)(H_mat->data.ptr + H_mat->step * i))[j * 2]
                           = 0.0;
```

```
            ((double*)(H_mat->data.ptr + H_mat->step * i))[j * 2 + 1]
                = 0.0;
        }
        else
        {
            ((double*)(H_mat->data.ptr + H_mat->step * i))[j * 2]
                = 1.0;
            ((double*)(H_mat->data.ptr + H_mat->step * i))[j * 2 + 1]
                = 0.0;
        }
}
else if(filtertype == 1) //2 阶巴特沃思高通滤波器
{
        tempD = 1 / (1 + pow(  D0 / tempD, 2 * 2));//1+(sqrt(2)-
            1)*pow((d0/d),(2*n))
        ((double*)(H_mat->data.ptr + H_mat->step * i))[j * 2] =
            tempD;
        ((double*)(H_mat->data.ptr + H_mat->step * i))[j * 2 + 1]
            = 0.0;
}
else if( filtertype ==2) // 二维高斯高通滤波器
{
        tempD = 1 - exp(-0.5 * pow( tempD / D0, 2));
                    ((double*)(H_mat->data.ptr + H_mat->step *
                        i))[j * 2] = tempD;
        ((double*)(H_mat->data.ptr + H_mat->step * i))[j * 2 + 1]
            = 0.0;
}
else if( filtertype ==3) // 二维指数高通滤波器
{
        tempD = exp(-pow( D0 / tempD , 2));
        ((double*)(H_mat->data.ptr + H_mat->step * i))[j * 2] =
            tempD;
        ((double*)(H_mat->data.ptr + H_mat->step * i))[j * 2 + 1]
            = 0.0;
}
else if(filtertype == 4)
{
        if(tempD<D1)
        {
            ((double*)(H_mat->data.ptr + H_mat->step * i))[j *
                2]=0;
            ((double*)(H_mat->data.ptr + H_mat->step * i))[j * 2 +
                1]=0.0;
        }
        if(tempD>D0)
        {
            ((double*)(H_mat->data.ptr + H_mat->step * i))[j *
                2]=1.0;
```

```
                        ((double*)(H_mat->data.ptr + H_mat->step * i))[j * 2 +
                            1]=0.0;
                    }
                    else
                    {
                        ((double*)(H_mat->data.ptr + H_mat->step * i))[j *
                            2]=(tempD-D1)/(D0-D1);
                        ((double*)(H_mat->data.ptr + H_mat->step * i))[j * 2 +
                            1]=0.0;
                    }
            }
        }
        cvMulSpectrums(src, H_mat, src, CV_DXT_ROWS);
        cvReleaseMat(&H_mat);
}
```

20. 理想高通滤波器

已知：一幅图像 img。

结果：滤波结果为 resultimg。

```
IplImage *img, *resultimg;
double D0 = 100;
IplImage * realInput;
IplImage * imaginaryInput;
IplImage * complexInput;
int M, N;
CvMat* A, tmp, *B;
IplImage * image_Re;
IplImage * image_Im;
double m, M;
```

实现理想高通滤波器时，调用以下函数：

```
void CImageProcessingView::Initialize()
{
    realInput = cvCreateImage( cvGetSize(img), IPL_DEPTH_64F, 1);
    imaginaryInput = cvCreateImage( cvGetSize(img), IPL_DEPTH_64F, 1);
    complexInput = cvCreateImage( cvGetSize(img), IPL_DEPTH_64F, 2);
    resultimg = cvCreateImage(cvGetSize(img), IPL_DEPTH_64F ,1);
    cvScale(img, realInput, 1.0, 0.0);
    cvZero(imaginaryInput);
    cvMerge(realInput, imaginaryInput, NULL, NULL, complexInput);
    M = cvGetOptimalDFTSize( img->height - 1 );
    N = cvGetOptimalDFTSize( img->width - 1 );
    B = cvCreateMat( M, N, CV_64FC2 );
    A = cvCreateMat( M, N, CV_64FC2 );
    cvZero(B);
    image_Re = cvCreateImage( cvSize(N, M), IPL_DEPTH_64F, 1);
```

```
    image_Im = cvCreateImage( cvSize(N, M), IPL_DEPTH_64F, 1);
    cvGetSubRect( A,&tmp, cvRect(0,0, img->width, img->height));
    cvCopy( complexInput, &tmp, NULL );
}
void CImageProcessingView::OnReal()
{
    Initialize();
    cvDFT( A, A, CV_DXT_FORWARD, complexInput->height );
    IHPF (A, D0,0);
    cvDFT( A, A, CV_DXT_INVERSE , complexInput->height );
    cvSplit( A, image_Re, image_Im, 0, 0 );
    cvMinMaxLoc(image_Re, &m, &M, NULL, NULL, NULL);
    cvScale(image_Re, image_Re, 1.0/(M-m), 1.0*(-m)/(M-m));
    resultimg = image_Re;
    Invalidate();
}
```

21. 巴特沃斯高通滤波器

已知：一幅图像 img。

结果：滤波结果为 resultimg。

```
IplImage *img, *resultimg;
double D0 = 100;
IplImage * realInput;
IplImage * imaginaryInput;
IplImage * complexInput;
int M, N;
CvMat* A, tmp, *B;
IplImage * image_Re;
IplImage * image_Im;
double m, M;
```

实现巴特沃斯高通滤波器时，调用以下函数：

```
void CImageProcessingView::Initialize()
{
    realInput = cvCreateImage( cvGetSize(img), IPL_DEPTH_64F, 1);
    resultimg = cvCreateImage(cvGetSize(img), IPL_DEPTH_64F ,1);
    imaginaryInput = cvCreateImage( cvGetSize(img), IPL_DEPTH_64F, 1);
    complexInput = cvCreateImage( cvGetSize(img), IPL_DEPTH_64F, 2);
    cvScale(img, realInput, 1.0, 0.0);
    cvZero(imaginaryInput);
    cvMerge(realInput, imaginaryInput, NULL, NULL, complexInput);
    M = cvGetOptimalDFTSize( img11->height - 1 );
    N = cvGetOptimalDFTSize( img11->width - 1 );
    B = cvCreateMat( M, N, CV_64FC2 );
    A = cvCreateMat( M, N, CV_64FC2 );
    cvZero(B);
```

```
    image_Re = cvCreateImage( cvSize(N, M), IPL_DEPTH_64F, 1);
    image_Im = cvCreateImage( cvSize(N, M), IPL_DEPTH_64F, 1);
    cvGetSubRect( A,&tmp, cvRect(0,0, img11->width, img->height));
cvCopy( complexInput, &tmp, NULL );
 }

void CImageProcessingView::OnBat()
{

    Initialize();
    cvDFT( A, A, CV_DXT_FORWARD, complexInput->height );
    IHPF (A, D0,1);
    cvDFT( A, A, CV_DXT_INVERSE , complexInput->height );

    cvSplit( A, image_Re, image_Im, 0, 0 );
    cvMinMaxLoc(image_Re, &m, &M, NULL, NULL, NULL);
    cvScale(image_Re, image_Re, 1.0/(M-m), 1.0*(-m)/(M-m));
    resultimg = image_Re;
    Invalidate();
}
```

22. 高斯高通滤波器

已知：一幅图像 img。

结果：滤波结果为 resultimg。

```
IplImage *img, *resultimg;
int M, N;
double D0 = 100;
CvMat* A, tmp, *B;
IplImage * image_Re;
IplImage * image_Im;
double m, M;
```

实现高斯高通滤波器时，调用以下函数：

```
void CImageProcessingView::Initialize()
{
    IplImage * realInput;
    IplImage * imaginaryInput;
    IplImage * complexInput;

    realInput = cvCreateImage( cvGetSize(img), IPL_DEPTH_64F, 1);
    resultimg = cvCreateImage(cvGetSize(img), IPL_DEPTH_64F ,1);
    imaginaryInput = cvCreateImage( cvGetSize(img), IPL_DEPTH_64F, 1);
    complexInput = cvCreateImage( cvGetSize(img), IPL_DEPTH_64F, 2);

    cvScale(img, realInput, 1.0, 0.0);
    cvZero(imaginaryInput);
```

```
    cvMerge(realInput, imaginaryInput, NULL, NULL, complexInput);

    M = cvGetOptimalDFTSize( img->height - 1 );
    N = cvGetOptimalDFTSize( img->width - 1 );
    B = cvCreateMat( M, N, CV_64FC2 );
    A = cvCreateMat( M, N, CV_64FC2 );
    cvZero(B);

    image_Re = cvCreateImage( cvSize(N, M), IPL_DEPTH_64F, 1);
    image_Im = cvCreateImage( cvSize(N, M), IPL_DEPTH_64F, 1);


    cvGetSubRect( A,&tmp, cvRect(0,0, img11->width, img->height));
    cvCopy( complexInput, &tmp, NULL );
}
void CImageProcessingView::OnGuass()
{
    Initialize();
    cvDFT( A, A, CV_DXT_FORWARD, complexInput->height );
    IHPF (A, D0,2);
    cvDFT( A, A, CV_DXT_INVERSE , complexInput->height );
    cvSplit( A, image_Re, image_Im, 0, 0 );
    cvMinMaxLoc(image_Re, &m, &M, NULL, NULL, NULL);
    cvScale(image_Re, image_Re, 1.0/(M-m), 1.0*(-m)/(M-m));
    resultimg  = image_Re;
    Invalidate();
}
```

23. 指数高通滤波器

已知：一幅图像 img。

结果：滤波结果为 resultimg。

```
IplImage *img, *resultimg;
IplImage * realInput;
IplImage * imaginaryInput;
IplImage * complexInput;
int M, N;
CvMat* A, tmp, *B;
IplImage * image_Re;
IplImage * image_Im;
double m, M;
double D0 = 100;
```

实现指数高通滤波器时，调用以下函数：

```
void CImageProcessingView::Initialize()
{
  realInput = cvCreateImage( cvGetSize(img), IPL_DEPTH_64F, 1);
```

```
 resultimg = cvCreateImage(cvGetSize(img), IPL_DEPTH_64F ,1);
   imaginaryInput = cvCreateImage( cvGetSize(img), IPL_DEPTH_64F, 1);
   complexInput = cvCreateImage( cvGetSize(img), IPL_DEPTH_64F, 2);

   cvScale(img, realInput, 1.0, 0.0);
   cvZero(imaginaryInput);
   cvMerge(realInput, imaginaryInput, NULL, NULL, complexInput);

   M = cvGetOptimalDFTSize( img->height - 1 );
   N = cvGetOptimalDFTSize( img->width - 1 );
   B = cvCreateMat( M, N, CV_64FC2 );
   A = cvCreateMat( M, N, CV_64FC2 );
   cvZero(B);
   image_Re = cvCreateImage( cvSize(N, M), IPL_DEPTH_64F, 1);
   image_Im = cvCreateImage( cvSize(N, M), IPL_DEPTH_64F, 1);
   cvGetSubRect( A,&tmp, cvRect(0,0, img->width, img->height));
   cvCopy( complexInput, &tmp, NULL );
}
void CImageProcessingView::OnIndex()
{
    Initialize();
    cvDFT( A, A, CV_DXT_FORWARD, complexInput->height );
    IHPF (A, D0,3);
    cvDFT( A, A, CV_DXT_INVERSE , complexInput->height );
        cvSplit( A, image_Re, image_Im, 0, 0 );
        cvMinMaxLoc(image_Re, &m, &M, NULL, NULL, NULL);
        cvScale(image_Re, image_Re, 1.0/(M-m), 1.0*(-m)/(M-m));
    resultimg = image_Re;
    Invalidate();
}
```

24. 梯形高通滤波器

已知：一幅图像 img。

结果：滤波结果为 resultimg。

```
IplImage *img, *resultimg;
double D0 = 100;
D1 = 80;
IplImage * realInput;
IplImage * imaginaryInput;
IplImage * complexInput;
int M, N;
CvMat* A, tmp, *B;
IplImage * image_Re;
IplImage * image_Im;
double m, M;
```

实现梯形高通滤波器时，调用以下函数：

```
void CImageProcessingView::Initialize()
{
    realInput = cvCreateImage( cvGetSize(img), IPL_DEPTH_64F, 1);
    resultimg = cvCreateImage(cvGetSize(img), IPL_DEPTH_64F ,1);
    imaginaryInput = cvCreateImage( cvGetSize(img), IPL_DEPTH_64F, 1);
    complexInput = cvCreateImage( cvGetSize(img), IPL_DEPTH_64F, 2);
    cvScale(img, realInput, 1.0, 0.0);
    cvZero(imaginaryInput);
    cvMerge(realInput, imaginaryInput, NULL, NULL, complexInput);
    M = cvGetOptimalDFTSize( img->height - 1 );
    N = cvGetOptimalDFTSize( img->width - 1 );
    B = cvCreateMat( M, N, CV_64FC2 );
    A = cvCreateMat( M, N, CV_64FC2 );
    cvZero(B);
    image_Re = cvCreateImage( cvSize(N, M), IPL_DEPTH_64F, 1);
    image_Im = cvCreateImage( cvSize(N, M), IPL_DEPTH_64F, 1);
    cvGetSubRect( A,&tmp, cvRect(0,0, img->width, img->height));
    cvCopy( complexInput, &tmp, NULL );
}
void CImageProcessingView::OnTl()
{
    Initialize();
    cvDFT( A, A, CV_DXT_FORWARD, complexInput->height );
    IHPF (A, D0,4);
    cvDFT( A, A, CV_DXT_INVERSE , complexInput->height );
    cvSplit( A, image_Re, image_Im, 0, 0 );
    cvMinMaxLoc(image_Re, &m, &M, NULL, NULL, NULL);
    cvScale(image_Re, image_Re, 1.0/(M-m), 1.0*(-m)/(M-m));
    resultimg = image_Re;
    Invalidate();
}
```

B.3　图像复原

1. 图像复原

已知：一幅图像 img。

结果：复原结果为 resulting。

在图像复原的算法中，需要调用傅里叶变换函数。该函数已在前面章节中阐述了。

```
int width;// 原图像的宽度和高度
int height;
int i,j;
double max=0.0;// 中间变量
double dTmpOne, dTmpTwo;
int nTransWidth, nTransHeight;
```

```
complex<double> *Src;
complex<double> *H
```

实现图像逆滤波复原时调用以下函数：

```
void CImageProcessingView::Initialize()
{
    width = img->width;//原图像的宽度和高度
    height = img->height;
    resultimg = cvCreateImage(cvGetSize(img),img->depth,img->nChannels);
    // 计算傅里叶变换的宽度
    dTmpOne = log(width)/log(2);
    dTmpTwo = ceil(dTmpOne) ;
    dTmpTwo = pow(2,dTmpTwo) ;
    nTransWidth = (int)dTmpTwo ;
    // 计算傅里叶变换的高度
    dTmpOne = log(height)/log(2);
    dTmpTwo = ceil(dTmpOne) ;
    dTmpTwo = pow(2,dTmpTwo) ;
    nTransHeight = (int)dTmpTwo;
     //用来存储原图像的数据
    Src = new complex<double> [nTransHeight*nTransWidth];
     //用来存储变换核的数量
    H = new complex<double> [nTransHeight*nTransWidth];
    for(j=0;j<nTransHeight;j++)
    for(i=0;i<nTransWidth;i++)
    {
        int position = j*nTransWidth+i;
            if(i<width &&j<height)
            {
                CvScalar color;
                color = cvGet2D(img11,j,i);
                Src[position] = complex<double>((double)color.val[0],
                    0);
                if(i < 5 && j < 5)
                    H[position] = complex<double>(0.04 , 0.0);
                else
                    H[position] = complex<double>(0.0 , 0.0);
            }
            else
            {
                H[ position] = complex<double>(0.0 , 0.0);
                Src[position] = complex<double>(0.0 , 0.0);
            }
    }

}
void CImageProcessingView::OnInverseFilter()
{
```

```
Initialize();
//对退化图像进行傅里叶变换
fourier(Src,nTransHeight,nTransWidth,1);
//对变换核图像进行傅里叶变换
fourier(H,nTransHeight,nTransWidth,1);
double a,b,c,d;
//频域相除
for (i = 0;i <nTransHeight*nTransWidth;i++)
{
            a = Src[i].real();
            b = Src[i].imag();
            c = H[i].real();
            d = H[i].imag();
        double tempre, tempim;
        //如果频域值太小，不予考虑
        if (c*c + d*d > 1e-3)
        {
              tempre = ( a*c + b*d ) / ( c*c + d*d );
              tempim = ( b*c - a*d ) / ( c*c + d*d );
        }
        Src[i]= complex<double>(tempre , tempim);
}

//对复原图像进行傅里叶反变换
fourier(Src,nTransHeight,nTransWidth,-1);
for(j=0;j<nTransHeight;j++)
for(i=0;i<nTransWidth;i++)
{
          if(i<width &&j<height)
          {
               int position = j*nTransWidth+i;
               double temp = sqrt(Src[position].real() * Src[position].
                   real()
                                 +Src[position].imag() * Src[position].
                                     imag());
               if(max<temp)
                   max=temp;
          }
}
if (max>255)
        max=255;
for(j=0;j<nTransHeight;j++)
       for(i=0;i<nTransWidth;i++)
       {
             if(i<width &&j<height)
             {
                  int position = j*nTransWidth+i;
                  double gray=sqrt(Src[position].real()*Src[position].
                      real()
```

```
                            +Src[position].imag()*Src[position].
                                imag());
                CvScalar color;
                color.val[0] = gray*255/max;
                cvSet2D(resultimg ,j,i,color);
            }
        }
    delete Src;   delete H;
    Invalidate();
}
```

2. 图像维纳滤波复原

已知：一幅图像 img。

结果：滤波结果为 resultimg。

```
int width;
int height ;
int i,j;
double max=0.0;//中间变量
double dTmpOne,dTmpTwo;
int nTransWidth, nTransHeight;
```

实现时调用以下函数：

```
void CImageProcessingView::Initialize()
{
    resultimg = cvCreateImage(cvGetSize(img),img->depth,img->nChannels);
    width = img->width;
    height = img->height;
    // 进行傅里叶变换的宽度（2 的整数次幂）
    dTmpOne = log(width)/log(2) ;
    dTmpTwo = ceil(dTmpOne)     ;
    dTmpTwo = pow(2,dTmpTwo)  ;
    nTransWidth = (int)dTmpTwo    ;
    // 进行傅里叶变换的高度
    dTmpOne = log(height)/log(2) ;
    dTmpTwo = ceil(dTmpOne)  ;
    dTmpTwo = pow(2,dTmpTwo) ;
    nTransHeight = (int)dTmpTwo ;
    //用来存储源图像的数据
    complex<double> *Src = new complex<double> [nTransHeight*nTransWidth];
    //用来存储变换核的数
    complex<double> *H  = new complex<double> [nTransHeight*nTransWidth];
    // 滤波器加权系数
    double *pCFFilter   = new double [nTransHeight*nTransWidth];

    for(j=0;j<nTransHeight;j++)
    for(i=0;i<nTransWidth;i++)
```

```
        {
            int position = j*nTransWidth+i;
            if(i<width &&j<height)
            {
                CvScalar color;
                color = cvGet2D(img11,j,i);
                Src[position] = complex<double>((double)color.val[0], 0);
                if(i < 5 && j < 5)
                {
                        H[position] = complex<double>(0.04 , 0.0);
                        pCFFilter[ position] = 0.5;
                }
                else
                {
                        H[position] = complex<double>(0.0 , 0.0);
                        pCFFilter[ position] = 0.05;
                }
            }
            else
            {
                H[ position] = complex<double>(0.0 , 0.0);
                Src[position ] = complex<double>(0.0 , 0.0);
            }
        }

}
void CImageProcessingView::OnRestoreWinner()
{
    Initialize();
    // 对退化图像进行傅里叶变换
    fourier(Src,nTransHeight,nTransWidth,1);
    // 对变换核图像进行傅里叶变换
    fourier(H,nTransHeight,nTransWidth,1);
    double a,b,c,d;
    double norm2,temp,tempre,tempim;
    // 频域相除
    for (i = 0;i <nTransHeight*nTransWidth;i++)
    {   // 赋值
            a = Src[i].real();
            b = Src[i].imag();
            c = H[i].real();
            d = H[i].imag();
            norm2 = c * c + d * d;      // |H(u,v)|*|H(u,v)|
            temp  = (norm2 ) / (norm2 + pCFFilter[i]);  //
                |H(u,v)|*|H(u,v)|/(|H(u,v)|*|H(u,v)|+a)
            {
                tempre = ( a*c + b*d ) / ( c*c + d*d );
                tempim = ( b*c - a*d ) / ( c*c + d*d );
                // 求得f(u,v)
```

```
                    Src[i]= complex<double>(temp*tempre , temp*tempim);
                }
        }
        //对复原图像进行傅里叶反变换
        fourier(Src,nTransHeight,nTransWidth,-1);
        //转换为复原图像
        for(j=0;j<nTransHeight;j++)
           for(i=0;i<nTransWidth;i++)
              {
                   if(i<width &&j<height)
                   {
                        int position = j*nTransWidth+i;
                        a = Src[position].real();
                        b = Src[position].imag();
                        norm2  = a*a + b*b;
                        norm2  = sqrt(norm2) + 40;
                        if(norm2 > 255)
                             norm2 = 255.0;
                        if(norm2 < 0)
                             norm2 = 0;
                        CvScalar color;
                        color.val[0] = norm2;
                        cvSet2D(resultimg,j,i,color);
                   }
              }
        delete Src;   delete H;
        Invalidate();
}
```

B.4 彩色图像处理

1. 彩色图像的逆反处理

已知：一幅图像 img。

结果：逆反结果为 resultimg。

```
IplImage *img, *resultimg;
void CImageProcessingView::OnReverse()
{
    resultimg = cvCreateImage(cvGetSize(img),img->depth,img->nChannels);
    for(int x = 0; x < img1->width; x++)
    for(int y = 0; y < img1->height; y++)
     {
           CvScalar color;
           color = cvGet2D(img1,y,x);
           color.val[0]  = 255 - color.val[0];
           color.val[1]  = 255 - color.val[1];
           color.val[2]  = 255 - color.val[2];
```

```
            cvSet2D(resultimg,y,x,color);
        }
    Invalidate();
}
```

2. 彩色图像的马赛克处理功能

已知：一幅图像 img。

结果：处理结果为 resultimg。

```
IplImage *img, *resultimg;
void CImageProcessingView::OnMosaic()
{
    resultimg = cvCreateImage(cvGetSize(img),img->depth,img->nChannels);
    int k=10;
    for(int x = k; x < img->width-k; x+=2*k+1)
    for(int y = k; y < img1->height-k; y+=2*k+1)
     {
          CvScalar color;
          color = cvGet2D(img1,y,x);
          int r = 0, g = 0, b = 0, num = 0;
          for(int m1 = -k; m1 <= k; m1++)
          for(int m2 = -k; m2 <= k; m2++)
          {
               if( x + m1 >= img1->width || x+m1 < 0
                   || y + m2 >= img1->height || y+m2 < 0) continue;
               num++;
               CvScalar color1;
               color1 = cvGet2D(img1,y+m2,x+m1);
               r += color.val[2];
               g += color.val[1];
               b += color.val[0];
          }
          color.val[2]   = (unsigned char) (r*1.0/num);
          color.val[1] = (unsigned char) (g*1.0/num);
          color.val[0]  = (unsigned char) (b*1.0/num);

          for(m1 = -k; m1 <= k; m1++)
          for(int m2 = -k; m2 <= k; m2++)
               cvSet2D(resultimg,y+m2,x+m1,color);
     }
     Invalidate();
}
```

3. 灰度图像的假彩色处理

已知：一幅图像 img。

结果：处理结果为 resultimg。

```
void CImageProcessingView::OnFade()
{
     resultimg= cvCreateImage(cvGetSize(img1),img1->depth,img1->nChannels);
     int temp[3][3] = {{0,0,1},{1,0,0},{0,1,0}};
     for(int x = 0; x < img1->width; x++)
     for(int y = 0; y < img1->height; y++)
     {
           CvScalar color,color1;
           color = cvGet2D(img1,y,x);
           color1.val[2] = color.val[2] * temp[0][0] + color.
               val[1]*temp[0][1]
                           + color.val[0]*temp[0][2];
           color1.val[1] = color.val[2] * temp[1][0] + color.val[1]*
               temp[1][1]
                           + color.val[0]*temp[1][2];
           color1.val[0] = color.val[2] * temp[2][0] + color.val[1]*
               temp[2][1]
                           + color.val[0]*temp[2][2];
           cvSet2D(resultimg,y,x,color1);
     }
    Invalidate();
}
```

B.5 数学形态学方法

1. 图像膨胀操作

算法：图像膨胀操作算法的 OpenCV 实现。

已知：一幅图像 img。

结果：膨胀结果为 resultimg。

```
IplImage *img, *resultimg;
void CImageProcessingView::OnDilation()
{
     resultimg = cvCreateImage(cvGetSize(img), 8,1);
     IplImage * src = cvCloneImage(img);
     // OpenCV 中对白色区域进行膨胀和腐蚀操作，先将原图取反
     for(int y=0; y<img->height ; y++ )
     for(int x=0; x<img->width ; x++ )
     {
           CvScalar color = cvGet2D(img11,y,x);
           color.val[0] = 255-color.val[0];
           cvSet2D(src,y,x,color);
     }
     IplConvKernel *element=0;// 声明一个结构元素
     int element_shape=CV_SHAPE_RECT;// 形状为长方形的元素
     element = cvCreateStructuringElementEx(3, 1,0,0,element_shape,0);
         // 创建结构元素
```

```
    cvDilate(src, resultimg ,element,1);// 膨胀图像
    for( y=0; y<img->height ; y++ )
    for(int x=0; x<img->width ; x++ )
    {
          CvScalar color = cvGet2D(resultimg,y,x);
          color.val[0] = 255-color.val[0];
          cvSet2D(resultimg,y,x,color);
    }
   Invalidate();
}
```

2. 图像腐蚀操作

已知：一幅图像 img。

结果：腐蚀结果为 resultimg。

```
IplImage *img, *resultimg;
void CImageProcessingView::OnErosion()
{
   resultimg = cvCreateImage(cvGetSize(img), 8,1);
   IplImage * src = cvCloneImage(img);
   // OpenCV 中对白色区域进行膨胀和腐蚀操作，先将原图取反
   for(int y=0; y<img->height ; y++ )
   for(int x=0; x<img->width ; x++ )
   {
          CvScalar color = cvGet2D(img,y,x);
          color.val[0] = 255-color.val[0];
          cvSet2D(src,y,x,color);
    }
    IplConvKernel *element=0;// 声明一个结构元素
    int element_shape=CV_SHAPE_RECT;// 形状为长方形的元素
    element = cvCreateStructuringElementEx(3, 1,0,0,element_shape,0);
        // 创建结构元素
    cvErode(src, resultimg,element,1);// 腐蚀图像
    for( y=0; y<img->height ; y++ )
    for(int x=0; x<img->width ; x++ )
    {
          CvScalar color = cvGet2D(resultimg,y,x);
          color.val[0] = 255-color.val[0];
          cvSet2D(resultimg,y,x,color);
    }
   Invalidate();
}
```

3. 图像开运算

已知：一幅图像 img。

结果：开运算的结果为 resultimg。

```
IplImage *img, *resultimg;
void CImageProcessingView::OnOPENOperator()
{
     IplImage * src = cvCloneImage(img);
     // OpenCV 中对白色区域进行膨胀和腐蚀操作，先将原图取反
     for(int y=0; y<img->height ; y++ )
     for(int x=0; x<img->width ; x++ )
     {
           CvScalar color = cvGet2D(img,y,x);
           color.val[0] = 255-color.val[0];
           cvSet2D(src,y,x,color);
     }
     IplImage * temp = cvCreateImage(cvGetSize(src), 8,1);
     resultimg = cvCreateImage(cvGetSize(src), 8, 1);
     cvCopyImage(src,temp);
     cvCopyImage(src, resultimg);
     //开运算
     cvMorphologyEx(img, resultimg , temp, NULL, CV_MOP_OPEN, 1);
     Invalidate();
}
```

4. 图像闭运算

已知：一幅图像 img。

结果：闭运算的结果为 resultimg。

```
IplImage *img, *resultimg;
void CImageProcessingView::OnClose()
{
    IplImage * src = cvCloneImage(img);
    // OpenCV 中对白色区域进行膨胀和腐蚀操作，先将原图取反
    for(int y=0; y<img->height ; y++ )
    for(int x=0; x<img->width ; x++ )
    {
          CvScalar color = cvGet2D(img,y,x);
          color.val[0] = 255-color.val[0];
          cvSet2D(src,y,x,color);
     }
     IplImage * temp = cvCreateImage(cvGetSize(src), 8,1);
     resultimg =cvCreateImage(cvGetSize(src), 8, 1);
     cvCopyImage(src,temp);
     cvCopyImage(src, resultimg);
     //闭运算
     cvMorphologyEx(img,resultimg, temp, NULL, CV_MOP_CLOSE, 1);
     Invalidate();
}
```

B.6　图像分割

1. 图像霍夫变换

算法名称：图像霍夫变换的 OpenCV 实现。

已知：一幅图像 img。

结果：变换结果为 resultimg。

```
IplImage *img, *resultimg;
void CImageProcessingView::OnHough()
{
    IplImage* tmp = cvCreateImage(cvGetSize(img),img->depth,img-
        >nChannels);
    resultimg = cvCreateImage(cvGetSize(img),img->depth,3);
    int nWidth = img->width;
    int nHeight = img->height;
    cvCanny( img, tmp, 60, 180, 3 );
    cvCvtColor( tmp, resultimg, CV_GRAY2BGR );
    CvMemStorage* storage = cvCreateMemStorage(0);
    CvSeq* lines = 0;
    lines = cvHoughLines2( tmp, storage, CV_HOUGH_PROBABILISTIC,
                          1, CV_PI/180, 80, 30, 10 );
    for(int i = 0; i < lines->total; i++ )
    {
        CvPoint* line = (CvPoint*)cvGetSeqElem(lines,i);
        cvLine(resultimg, line[0], line[1], CV_RGB(255,0,0), 3, 8 );
    }
    Invalidate();
    cvReleaseImage(&tmp);
}
```

2. 均值迭代阈值分割

已知：一幅图像 img。

结果：分割结果为 resultimg。

```
IplImage *img, *resultimg;
int subthd =80;    //假设阈值初值为 80
double T = 0;
double avg = 0.0;
int nWidth, nHeight;
double curThd = T;
double preThd = curThd;
```

实现均值迭代阈值分割算法时调用以下函数：

```
void CImageProcessingView::Initialize()  //初始化
{
```

```
    resultimg = cvCreateImage(cvGetSize(img),img->depth,img->nChannels);
    //图像的长宽、大小
    nWidth  = img->width;
    nHeight= img->height;
    for(int y=0; y<nHeight ; y++ )
    for(int x=0; x<nWidth ; x++ )
    {
           CvScalar color;
           color = cvGet2D(img,y,x);
           avg += color.val[0];
    }
    T = avg/( nHeight * nWidth);  //选择一个初始化的阈值T(通常取灰度值的平均值)

}
void CImageProcessingView::Iteration() //迭代
{
    do
    {
           preThd = curThd;
           double u1 = 0, u2 = 0;
           int num_u1 = 0, num_u2 = 0;
           for(y=0; y<nHeight ; y++ )
           for(int x=0; x<nWidth ; x++ )
           {
                 CvScalar color;
                 color = cvGet2D(img,y,x);
                 if(color.val[0] < preThd)
                 {
                       u1 += color.val[0];
                       num_u1++;
                 }
                 else
                 {
                       u2 += color.val[0];
                       num_u2++;
                 }
           }
          curThd = (u1/num_u1 + u2/num_u2)/2;
    }while( fabs(curThd - preThd) > subthd);
}
void CImageProcessingView::OnAvgIter()
{
    Initialize();
    Iteration();
    for(y=0; y<nHeight ; y++ )
    for(int x=0; x<nWidth ; x++ )
    {
          CvScalar color;
          color = cvGet2D(img,y,x);
```

```
            if(color.val[0] < curThd)
                color.val[0] = 0 ;
            else
                color.val[0] = 255 ;
            cvSet2D(resultimg,y,x,color);
        }
        Invalidate();
}
```

3. 最大类间方差分割算法

已知：一幅图像 img。

结果：分割结果为 resultimg。

```
IplImage *img, *resultimg;
int nWidth;
int nHeight;
int thresholdValue=1;   // 阈值
int ihist[256];         // 图像直方图，256个级别
int i, j, k; // various counters
int n, n1, n2, gmin, gmax;
double m1, m2, sum, csum, fmax, sb;
```

实现最大类间方差分割算法时调用以下函数：

```
void CImageProcessingView::Initialize(&thresholdValue)
{
     resultimg = cvCreateImage(cvGetSize(img),img->depth,img->nChannels);
     nWidth = img->width;
     nHeight = img->height;
     // 对直方图置零
     memset(ihist, 0, sizeof(ihist));
     gmin=255; gmax=0;
     // 生成直方图
     for (i = 0; i < nWidth; i++)
     for (j = 0; j < nHeight; j++)
     {
            CvScalar color;
            color = cvGet2D(img,j,i);
            int gray = color.val[0];
            ihist[gray]++;
            if (gmax<gray) gmax=gray;
            if( gmin>gray) gmin=gray;
     }
      sum = csum =0.0; n =0;
      for (i =0; i <=255; i++)
      {
            sum += (double) i * (double) ihist[i];
            n += ihist[i];
```

```
        }
        if (!n)
        {
            thresholdValue =160;
            return;
        }
       fmax =-1.0;
       n1 =0;
       for (k =0; k <255; k++)
       {
            n1 += ihist[k];

            if (!n1)  continue;
            n2 = n - n1;
            if (n2 ==0)  break;
            csum += k *ihist[k];
            m1 = csum / n1;
            m2 = (sum - csum) / n2;
            sb = n1 * n2 *(m1 - m2) * (m1 - m2);
            if (sb > fmax)
            {
                   fmax = sb;
                   thresholdValue = k;
            }
       }

}
void CImageProcessingView::OnOtsu()
{
     Initialize(thresholdValue);
     for(int y=0; y<nHeight ; y++ )
     for(int x=0; x<nWidth ; x++ )
     {
            CvScalar color;
            color = cvGet2D(img11,y,x);
            if(color.val[0] < thresholdValue)
                 color.val[0] = 0 ;
            else
                 color.val[0] = 255 ;
            cvSet2D(resultimg,y,x,color);
     }
     Invalidate();
}
```

4. 区域生长算法（产生多区域）

已知：一幅图像 img。

结果：区域生长结果为 resultimg。

```
IplImage *resultimg;
void CImageProcessingView::OnRegionGrow()
{
    CvSize imgtmpsize = cvGetSize( img);
    int nHeight = imgtmpsize.height;
    int nWidth = imgtmpsize.width;
    int sign=1;
    IplImage* img =cvCloneImage(img);
    Resultimg = img;
    int *regionflag = new int[nWidth*nHeight];
    for( int y1=0;y1<nHeight;y1++)
    for(int x1=0;x1<nWidth;x1++)
    regionflag[y1*nWidth+x1] = 0;

    for(y1=2;y1<nHeight-2;y1++)
    for(int x1=2;x1<nWidth-2;x1++)
    {
          if ( regionflag[y1*nWidth+x1] == 0)
          {
                 RegionGrow(img,x1,y1,5,sign,regionflag);
                 sign++;  // 区域的标志
          }
    }
    for( y1=0;y1<nHeight;y1++)
    for(int x1=0;x1<nWidth;x1++)
    if(regionflag[y1*nWidth+x1] == 0)
          regionflag[y1*nWidth+x1] = sign; // 最后一个区域
     //随机产生颜色
     CvScalar* color_tab = new CvScalar[sign];
     CvRNG rng = CvRNG(-1);
     for(int i = 0; i < sign; i++)
     {
           int r = 0,g = 0, b = 0;
           r = cvRandInt(&rng) % 255;
           g = cvRandInt(&rng) % 255;
           b = cvRandInt(&rng) % 255;
            color_tab[i] = CV_RGB(r,g,b);
     }
     //画图
     for( y1=0;y1<nHeight;y1++)
     for(int x1=0;x1<nWidth;x1++)
     {
           int idx = regionflag[y1*nWidth+x1];
           cvSet2D(resultimg,y1,x1,color_tab[idx] );
     }
    cvNamedWindow( "Result", 1 );
    cvShowImage( "Result_1", resultimg );
}
void CImageProcessingView::RegionGrow(IplImage *img,int x1,int y1, int
```

```
    nThreshold,int sign,int *regionflag)
{
    static int nDx[]={-1,0,1,0};
    static int nDy[]={0,1,0,-1};
    // 图像的长宽、大小
    int nWidth              = img->width;
    int nHeight             = img->height        ;
    // 每一行像素在内存中占用的实际空间
    int nSaveWidth = img->widthStep ;
    //设置种子点为图像的中心
    int nSeedX = x1 ,
     nSeedY = y1 ;
    // 定义堆栈，存储坐标并分配空间
    int * pnGrowQueX = new int [nWidth*nHeight];
    int * pnGrowQueY = new int [nWidth*nHeight];
    // 定义堆栈的起点和终点
    // 当 nStart=nEnd, 表示堆栈中只有一个点
    int nStart = 0;
    int nEnd = 0 ;
    // 把种子点的坐标压入栈
    pnGrowQueX[nEnd] = nSeedX;
    pnGrowQueY[nEnd] = nSeedY;
    regionflag[nSeedY*nWidth+nSeedX] =  sign;
    // 设置当前正在处理的像素
    int nCurrX = 0;
    int nCurrY = 0;
    // 循环控制变量
    int k = 0;            int xx = 0;    int yy = 0;
    CvScalar cvColor1,cvColor2;
    while (nStart <= nEnd)
    {
     // 当前种子点的坐标
     nCurrX = pnGrowQueX[nStart];
     nCurrY = pnGrowQueY[nStart];
     // 对当前点的邻域进行遍历
     for (k = 0; k < 4; ++k)
     {
            // 4 邻域像素的坐标
            xx = nCurrX + nDx[k];
            yy = nCurrY + nDy[k];
            if(xx>=nWidth || xx< 0 || yy>=nHeight || yy< 0) continue;
            // 判断像素 (xx,yy) 是否在图像内部
            // 判断像素 (xx,yy) 是否已经处理过
            // pUnRegion[yy*nWidth+xx]==0 表示还没有处理

            // 生长条件：判断像素 (xx,yy) 和当前像素 (nCurrX,nCurrY) 差的绝对值
            cvColor1 = cvGet2D(img,yy,xx);
            cvColor2 = cvGet2D(img,nCurrY,nCurrX);
            if ( (xx < nWidth) && (xx>=0) && (yy<nHeight) && (yy>=0)
```

```
                    && (regionflag[yy*nWidth+xx]==0)
                    && abs(cvColor1.val[0]-cvColor2.val[0])<nThreshold )
            {
                // 堆栈的尾部指针后移一位
                nEnd++;
                // 像素 (xx,yy) 压入栈
                pnGrowQueX[nEnd] = xx;
                pnGrowQueY[nEnd] = yy;
                // 该像素处理过
                regionflag[yy*nWidth+xx] =  sign;
            }
        }
        nStart++;
    }
    // 释放内存
    delete []pnGrowQueX;
    delete []pnGrowQueY;
    pnGrowQueX = NULL ;
    pnGrowQueY = NULL ;
}
```

参 考 文 献

[1] 孙燮华 . 数字图像处理：原理与算法 [M]. 北京：机械工业出版社，2010.

[2] 章毓晋 . 图像处理 [M]. 北京：清华大学出版社，2006.

[3] 王家文，李仰军 . MATLAB7.0 图形图像处理 [M]. 北京：国防工业出版社，2006.

[4] 于万波 . 基于 Matlab 的图像处理 [M]. 北京：清华大学出版社，2008.

[5] 陈兵旗 . 实用数字图像处理与分析 [M]. 北京：中国农业大学出版社，2008.

[6] 吴国平 . 数字图像处理原理 [M]. 武汉：中国地质大学出版社，2007.

[7] 张德丰 . MATLAB 数字图像处理 [M]. 北京：机械工业出版社，2009.

[8] 阿查里雅，等 . 数字图像处理原理与应用 [M]. 田浩，等译 . 北京：清华大学出版社，2007.

[9] 崔屹 . 数字图像处理技术与应用 [M]. 北京：电子工业出版社，1997.

[10] 陆系群，陈纯 . 图像处理原理、技术与算法 [M]. 杭州：浙江大学出版，2001.

[11] 王宏，赵海滨 . 数字图像处理：Java 语言实现 [M]. 沈阳：东北大学出版社，2005.

[12] 守吉陈，张立明 . 分形与图像压缩 [M]. 上海：上海科技教育出版社，1998.

[13] PETROU M, BOSDOGIANNI P. 数字图像处理疑难解析 [M]. 赖剑煌，译 . 北京：机械工业出版社，2005.

[14] 曹茂永 . 数字图像处理 [M]. 北京：北京大学出版社，2007.

[15] 刘直芳，等 . 数字图像处理与分析 [M]. 北京：清华大学出版社，2006.

[16] 阮秋琦，阮宇智，等 . 数字图像处理 [M]. 北京：电子工业出版社，2011.

[17] SNIXON M，等 . 特征提取与图像处理 [M]. 北京：电子工业出版社，2010.

[18] SONKA M，等 . 图像处理、分析与机器视觉 [M]. 北京：清华大学出版社，2011.

[19] 章毓晋 . 图像工程：上册　图像处理 [M]. 北京：清华大学出版社，2012.

[20] 高木干雄，等 . 图像处理技术手册 [M]. 北京：科学出版社，2007.

[21] PARKER J R，等 . 图像处理与计算机视觉算法及应用 [M]. 北京：清华大学出版社，2012.

[22] CHAN T F. 图像处理与分析：变分、PDE、小波及随机方法 [M]. 北京：科学出版社，2011.

[23] CASTLEMAN K R. 数字图像处理 [M]. 北京：电子工业出版社，2011.

[24] 赵小川，等 . 现代数字图像处理技术提高及应用案例详解 [M]. 北京：北京航空航天大学出版社，2012.

[25] 贾渊，等 . 偏微分方程图像处理及程序设计 [M]. 北京：科学出版社，2012.

[26] 秦襄培，等 . MATLAB 图像处理宝典 [M]. 北京：电子工业出版社，2011.

[27] 贾永红，等 . 数字图像处理 [M]. 武汉：武汉大学出版社，2010.

[28] 胡学龙，等 . 数字图像处理 [M]. 北京：电子工业出版社，2011.

[29] 杨丹，等 . MATLAB 图像处理实例详解 [M]. 北京：清华大学出版社，2013.

[30] 陈家新，等 . 医学图像处理及三维重建技术研究 [M]. 北京：科学出版社，2010.

[31] 田捷，等 . 医学成像与医学图像处理教程 [M]. 北京：清华大学出版社，2013.

[32] 杨杰，等 . 数字图像处理及 MATLAB 实现 [M]. 北京：电子工业出版社，2010.

[33] 高展宏，等 . 基于 MATLAB 的图像处理案例教程 [M]. 北京：清华大学出版社，2011.

[34] 田岩数，彭复员 . 数字图像处理与分析 [M]. 武汉：华中科技大学出版社，2009.

[35] 朱虹 . 数字图像处理基础 [M]. 北京：科学出版社，2005.

[36] 赵小川，等 . MATLAB 数字图像处理实战 [M]. 北京：机械工业出版社，2013.

[37] 姚敏 . 数字图像处理 [M]. 北京：机械工业出版社，2006.

[38] 马晓路，等 . MATLAB 图像处理从入门到精通 [M]. 北京：中国铁道出版社，2013.

[39] 张洪刚，等 . 图像处理与识别 [M]. 北京：北京邮电大学出版社，2006.

[40] Matlab 显示图片和 SubPlot 命令 [EB/OL]. http://blog.csdn.net/zjhzyzc/article/details/5778010.

[41] 刘刚 . MATLAB 数字图像处理 [M]. 北京：机械工业出版社，2010.

[42] 朱秀昌 . 数字图像处理与图像通信 [M]. 北京：北京邮电大学出版社，2008.

[43] 秦襄培 . MATLAB 图像处理宝典 [M]. 北京：电子工业出版社，2011.

[44] 常青 . 数字图像处理教程 [M]. 上海：华东理工大学出版社，2009.

[45] 周贤伟，付娅丽 . 图像处理技术及其应用 [M]. 北京：国防工业出版社，2005.

[46] 陈志华，高岩 . 计算机图像处理与应用 [M]. 上海：华东理工大学出版社，2011.

[47] 胡晓军，徐飞 .MATLAB 应用图像处理 [M]. 西安：西安电子科技大学出版社，2011.

[48] 夏德深，傅德胜 . 计算机图像处理及应用实验教程 [M]. 南京：东南大学出版社，2005.

[49] 陆玲，周书民 . 数字图像处理方法及程序设计 [M]. 哈尔滨：哈尔滨工程大学出版社，2011.

[50] 陆玲，王蕾，桂颖 . 数字图像处理 [M]. 北京：中国电力出版社，2008.

[51] 许录平 . 数字图像处理 [M]. 北京：科学出版社，2007.

[52] 李文锋 . 图形图像处理与应用 [M]. 北京：中国标准出版社，2006.

[53] 张强，王正林 . 精通 MATLAB 图像处理 [M]. 北京：电子工业出版社，2012.

[54] 韩晓军 . 数字图像处理技术与应用 [M]. 北京：电子工业出版社，2010.

[55] 杨帆 . 数字图像处理与分析 [M]. 北京：北京航空航天大学出版社，2013.

[56] 柳青 . 图形图像处理实用教程 [M]. 北京：高等教育出版社，2005.

[57] 孙兴华，郭丽 . 数字图像处理——编程框架理论分析实例应用和源码实现 [M]. 北京：机械工业出版社，2012.

[58] 于仕琪，刘瑞祯 . OpenCV 教程：基础篇 [M]. 北京：北京航空航天大学出版社，2007.

[59] 布拉德斯基，克勒 . 学习 OpenCV[M]. 影印版 . 南京：东南大学出版社，2009.

[60] 何东健. 数字图像处理 [M]. 西安：西安电子科技大学出版社，2008.

[61] 杨枝灵，等. 数字图像获取处理及实践应用 [M]. 北京：人民邮电出版社，2003.

[62] 汪丹，等. 视频模糊图像的复原算法研究 [D]. 昆明：云南大学，2011.

[63] GONZALEZ R C, WOODS R E. Digital image processing [M]. 3rd ed. New Jersey: Prentice Hall, 2008.

[64] PRATT W K. Digital image processing [M]. 3th ed. Los Altos: John Wiley & Sons, 2007.

[65] 百度如流 [EB/OL]. http://hi.baidu.com/%D0%A1%D0%A1%D0%A1%D3%E3_/blog/item/5c3e671b919d72ddad6e75f6.html.

[66] 数字图像处理 [EB/OL]. http://baike.baidu.com/view/286846.htm.

[67] ELHARROUSS O, ALMAADEED N, AL-MAADEED S, et al. Image inpainting: a review[J]. Neural Processing Letters, 2019(5).

[68] 彩色数字图像处理 [EB/OL]. http://baike.baidu.com/view/1145894.htm.

[69] 陈炳权，等. 数字图像处理技术的现状及其发展方向 [J]. 吉首大学学报（自然科学版），2009（1）：63-70.

[70] 唐志文. 浅析数字图像处理技术的研究现状及其发展方向 [J]. 硅谷，2010（5）：30.

[71] 图片格式 [OL]. http://baike.baidu.com/view/19666.htm#1.

[72] 图像处理和识别中常用的 OpenCV 函数 [EB/OL].http://ishare.iask.sina.com.cn/f/20023808.html.

[73] OpenCV 参考手册 [M/OL]. http://www.OpenCV.org.cn.

[74] 人眼的结构 [EB/OL]. http://www.yongyao.net/zhuanti/aiyan/rs01.html.

[75] 颜色模型 [EB/OL]. http://baike.baidu.com/view/1985217.htm.

[76] 马赫带 [EB/OL]. http://baike.baidu.com/view/162292.htm.

[77] 视觉掩蔽 [EB/OL]. http://baike.baidu.com/view/1774271.htm.

[78] 山东科技大学数字图像处理精品课程网站 [EB/OL].

[79] 代数运算与几何运算 [EB/OL].http://wenku.baidu.com/view/22add12e915f804d2b16c173.html.

[80] 直方图规定化 [EB/OL].http://baike.baidu.com/view/1203254.html.

[81] 天津理工大学数字图像处理课件 [Z/OL].http://resource.jingpinke.com/details?objectId=oid:ff808081-2475b91c-0124-75b9854b-7865&uuid=ff808081-2475b91c-0124-75b9854a-7864.

[82] 遥感数字图像处理基础 [EB/OL].http://bj3s.pku.edu.cn/activity/subjects/lesson3.pdf.

[83] 低通滤波 [EB/OL].http://baike.baidu.com/view/1669798.htm.

[84] 带阻滤波器 [EB/OL].http://zh.wikipedia.org/zh/%E5%B8%A6%E9%98%BB%E6%BB%A4%E6%B3%A2%E5%99%A8.

[85] 巴特沃斯滤波器 [EB/OL].http://zh.wikipedia.org/zh/%E5%B7%B4%E7%89%B9%E6%B2%83%E6%96%AF%E6%BB%A4%E6%B3%A2%E5%99%A8.

[86] 孟昕 . 运动模糊图像的处理与恢复研究 [D]. 合肥：安徽大学，2007.

[87] 上海交通大学数字图像处理课件 [Z/OL].ftp://ftp.cs.sjtu.edu.cn:990/fhqi/DIP/Chapter%207/Active%20Contour%20Models.ppt.

[88] 实战——无边缘活动轮廓模型 [EB/OL].http://bbs.sciencenet.cn/blog-287000-507515.html.

[89] 无损压缩 [EB/OL].http://baike.baidu.com/view/156047.htm.

[90] HUFFMAN 编码压缩算法 [EB/OL].http://coolshell.cn/articles/7459.html.

[91] 安阳师范学院多媒体技术与应用网络教学资源 [EB/OL].http://wlzy.aynu.edu.cn/jsj/wlkc/dmtjs/text/cha04/section4/part1/index01.htm#.

[92] 林福宗 . 多媒体技术教程 [M]. 北京：清华大学出版社，2009.

[93] 艾海舟 . 数字图像处理教程 [M/OL].http://media.cs.tsinghua.edu.cn/~ahz/digitalimageprocess/.

[94] ECE472/572-Digital Image Processing[EB/OL].http://web.eecs.utk.edu/~qi/ece472-572/index.html.

[95] GONZALEZ R C, WOODS R. Digital image processing[M]. Upper Saddle River: Prentice-Hall, 2002.

[96] 南京大学数字图像处理课程课件 [Z/OL].http://cs.nju.edu.cn/zhandc/DIP/Ch01.ppt.

[97] Computational Photography[EB/OL].http://www.cs.cmu.edu/afs/andrew/scs/cs/15-463/pub/www/463.html.

[98] BANKMAN I N. Handbook of medical imaging processing and anylysis[J].A Harcourt Science and Technogy Company,2000.

[99] Computer Vision[EB/OL].http://pages.cs.wisc.edu/~lizhang/courses/cs766-2010f.

[100] 北京航空航天大学数字图像处理课程网站 [EB/OL].

[101] 计算机图像处理讲义 [EB/OL].http://staff.ustc.edu.cn/~leeyi/pict_text/.

[102] 数字图像处理课程网站 [EB/OL].

[103] 克莱姆森大学课程网站 [EB/OL].

[104] 布朗大学课程资源 [EB/OL].

[105] OpenCV 中的傅里叶变换 [EB/OL].http://blog.csdn.net/abcjennifer/article/details/7359952.

[106] OpenCV 中的傅里叶变换和逆变换 [EB/OL].http://blog.csdn.net/xlh145/article/details/8944684.

[107] OpenCV 中文网站论坛 [EB/OL].

[108] Intel 开源计算机视觉库 OpenCV 参考资料 [EB/OL].https://www.w3cschool.cn/OpenCV/.

[109] OTSU N. A threshold selection method from gray-level histogram[J]. IEEE Transactions on Systems Man Cybernet, 1978, 9 (1): 62-66.

[110] ADAMS R, BISCHOF L. Seeded region growing[J]. IEEE transactions on pattern analysis and machine intelligence, 1994,16(6): 641-647.

[111] 李培华，张田文．主动轮廓线模型（蛇模型）综述 [J]. 软件学报，2000，11（6）：751–757.

[112] 冯俊萍，等．基于数学形态学的图像边缘检测技术 [J]. 航空计算技术，2004，27（5）：158-161.

[113] 小波与小波变换 [EB/OL].http://wenku.baidu.com/view/7839b821aaea998fcc220eed.html.

[114] Matlab 练习程序（图像 Haar 小波变换)[EB/OL].http://www.cnblogs.com/tiandsp/archive/2013/04/12/3016989.html.

[115] DUHAME O P. Fast algorithms for discrete and continuous wavelet transforms[J]. IEEE Transactions on Information Theory, 1992, 38(2): 569-586.

[116] Discrete Wavelet Transforms[EB/OL]. http://sfb649.wiwi:hu-berlin.de/fedc_homepage/xplore/ebooks/html/csa/node60.html.

[117] 自己写的一个二维离散小波分解的程序 [EB/OL].http://www.ilovematlab.cn/thread-252493-1-1.html.

[118] 运动模糊实现（VC++）[EB/OL].http://blog.csdn.net/freeboy1015/article/details/7734247.

[119] PETERI R, HUSKIES M, FAZEKAS S. DynTex: a comprehensive database of dynamic textures[J]. Pattern Recognition Letters, 2010,31(12):1627-1632.

[120] Volume 2: Aerials[EB/OL].http://sipi.usc.edu/database/database.php?volume=aerials.